Rauch

Autosuggestion und Heilung

Die innere Selbst-Mithilfe

Autosuggestion und Heilung

Die innere Selbst-Mithilfe

Von Medizinalrat Dr. Erich Rauch

6. Auflage

HAUG

Karl F. Haug Verlag · Heidelberg

Die Deutsche Bibliothek – CIP-Einheitsaufnahme

Rauch, Erich:
Autosuggestion und Heilung: die innere Selbst-Mithilfe/Erich Rauch.
– 6. Aufl. – Heidelberg: Haug, 1994
(Bewegung, Entspannung, Massage) ISBN 3-7760-1426-1

2. Auflage 1982
3. Auflage 1982
4. Auflage 1985
5. Auflage 1990
6. Auflage 1994

Titel-Nr. 2426 · ISBN 3-7760-1426-1
Umschlaggestaltung: Manfred Eickhoff
Gesamtherstellung: Druckhaus Darmstadt GmbH, 64295 Darmstadt

Inhalt

I. TEIL

Grundlagen der bewußten Autosuggestion

Inhalt

II. TEIL

Praxis der bewußten Autosuggestion

Inhalt

II. TEIL

Praxis der bewußten Autosuggestion

Inhalt

II. TEIL
Praxis der bewußten Autosuggestion

I. Teil

Grundlagen der bewußten Autosuggestion

Seite 170: Die Weg-Suggestion
Es geht weg - weg - weg - weg

1. Kapitel

Innere Selbst-Mithilfe zur Gesundung

Die bewußte Autosuggestion nach *Emil Coué* (1857–1926) ist eine *praktische Selbsthilfe-Methode für positive Lebensgestaltung.* Sie dient der Nutzbarmachung von Kräften, die jedem Menschen in schier unglaublichem Ausmaß zur Verfügung stehen. Diese Kräfte liegen teilweise brach darnieder, zu anderen Teilen sind sie oft fehlgeleitet und wirken sich dementsprechend störend, erfolgsfeindlich oder gesundungshemmend aus. Es ist die Aufgabe der bewußten Autosuggestion, diese Kräfte zu mobilisieren und zum eigenen Gunsten einzusetzen. Als Folge kommt es zur Steigerung der seelischen Gesundheit und der Lebenskraft, sowie zum besseren Gelingen vieler Vorhaben. Im Erkrankungsfall findet vielfach eine entscheidende Aktivierung der körpereigenen Abwehr- und Heilkräfte statt. Viele Krankheiten und Leiden sprechen dadurch auf die bisherigen Therapien besser an und können eher geheilt werden.

Die bewußte Autosuggestion beruht auf der Beachtung wichtigster Lebensgesetze, gegen die heute noch ein großer Teil aller Menschen aus purer Unkenntnis verstößt. Man sollte daher zunächst wissen, daß *jedermann Autosuggestion betreibt.* Autosuggestion heißt Selbstbeeinflussung. Und jeder Mensch beeinflußt sich selbst, von der Wiege bis zur Bahre, von früh bis spät, alltäglich, von Stunde zu Stunde. Autosuggestion ist somit ein *Phänomen der Lebenstätigkeit,* ein Teil unseres Lebens schlechthin. Es ist aber ein weitgehend unbekannter und unbeachteter Teil, da nur die wenigsten Menschen wissen, was dabei vorgeht, und welch unglaubliche Lebenskräfte dadurch in Bewegung geraten. Dennoch hängt es von jedem Menschen selbst ab, welche Richtung er seinen Autosuggestionen gibt, wohin die in Umlauf gesetzten Kräfte weitereilen und was sie ihm als Folge bescheren: Freude, Hilfe, Heilung oder Ärger, Hemmnis, Krankheit.

Entscheidend ist die Tatsache, daß die meisten Personen ihre Suggestionen mehr oder minder unbedacht, leichtfertig, fast automatisch und kaum gezügelt in die Welt setzen und auf sich selber loslassen. Die meisten neigen auch noch dazu, kaum daß es ihnen irgendwie etwas schlechter geht, sich viel mehr negativ als positiv zu beeinflussen. Daher führen die unbewußten Autosuggestionen dann zu unberechenbaren, vielfach verhängnisvollen Konsequenzen, deren wahre Ursachen fast nie erkannt werden. Die Schuld wird nur nicht bei sich selbst gesucht, wohl aber bei allen anderen oder bei „Gott und der Welt".

Im Gegensatz dazu stellt die bewußte positive Autosuggestion eine enorme hilfreiche Macht dar. Sie schützt wie eine gute Fee vor den vielfach üblichen negativen Fremd- und Selbstbeeinflussungen des Alltags. Außerdem fördert sie die Fähigkeit des Menschen, seine Kräfte, sein Leben und sein Schicksal besser zu lenken und besser zu meistern. *Coué* sprach daher von „Selbstmeisterung"[1]).

Die Geburtsstunde der bewußten Autosuggestion begann mit einer unerwarteten Heilung. *Coué* war damals Apotheker in Nancy (Frankreich), wo er Jahre hindurch einem schmerzgebeugten Patienten die ärztlich verordneten Medikamente zusammenbraute. Aber alle Behandlungen, auch durch berühmte Ärzte, blieben erfolglos. Da wandte sich der Kranke eines Tages an *Coué:* „Die Ärzte verstehen es nicht, womit ich endlich zu heilen wäre! Zu Ihnen, Herr *Coué*, habe ich das größte Vertrauen! Stellen Sie mir ein Medikament zusammen! Ich weiß, daß Sie mir helfen werden!" Diese mehrfach wiederholte, immer dringlichere Bitte brachte *Coué* in arge Verlegenheit. Er war ja nicht Arzt, sondern Apotheker. Schließlich, da der Patient nicht locker ließ, mixte er ihm völlig wirkungslose Substanzen zusammen, die weder schaden noch nutzen konnten, und gab sie ihm als „Medizin". Nach längerer Zeit erschien der Mann wieder. Er war staunenswert verändert, sah frisch, fröhlich und gesund aus, hatte keine Schmerzen mehr und bedankte sich überschwenglich für die tatsächlich eingetretene Heilung[2]).

An diesem und ähnlichen Fällen erkannte *Coué,* daß für den Therapieerfolg nicht allein das Medikament, sondern vielfach auch ganz andere Faktoren, wie der Glaube des Kranken an seine Heilung, eine entscheidende Rolle spielen. Er sah, daß sich unter Umständen der Geist als viel mächtiger erweist als alle Medikamente. Von Stund an begann *Coué* zu forschen. Ständig in Kontakt mit unzähligen Leidenden folgte er nun die verschriebenen Medikamente mit guten Zusprüchen aus, wie etwa: „Das ist eine hervorragende Arznei! – Damit geht es bei Ihnen schnell wieder bergauf! – Der Doktor hätte Ihnen gar nichts Besseres verordnen können!" Als Folge zeigte sich mit aller Eindringlichkeit, daß die gelobten Mittel unvergleichlich bessere Wirkung zeigten, als dieselben Medikamente, wenn sie in üblicher Form, ohne Zuspruch ausgefolgt wurden. Schließlich erkannte *Coué,* daß durch die Zusprüche die gedanklichen Selbstbeeinflussungen des Kranken in die richtige Bahn gelenkt wurden, und daß es daher *für die Heilung entscheidend ist, die Selbstbeeinflussungen des Patienten mit aller Ausschließlichkeit und Siegesgewißheit auf bestmöglichen Erfolg auszurichten.*

Aus allen diesen Erkenntnissen entwickelte er im Laufe vieler Jahre seine Methode der bewußten Autosuggestion und erzielte damit eine enorme Anzahl staunenswerter, ja zum Teil nicht für möglich gehaltener Heilerfolge. Eine Serie von Schülern, darunter Ärzte und Professoren verschiedener medizinischer Fachrichtungen, studierten bei *Coué* und übten seine Methode an Tausenden ihrer Patienten erfolgreich aus. Heute verbreiten zahlreiche Bücher wie „Suggestion und Autosuggestion", „Autosuggestive Krankheitsbekämpfung", „Mehr Macht über Leib und Leben", „Die Macht Ihres Unterbewußtseins", „Praxis der bewußten Autosuggestion" usw. die gewonnenen Erkenntnisse. Dennoch sind die Entdeckungen von *Coué* bis heute noch viel zu wenig bekannt, zum Nachteil aller, die daraus große Hilfe erhalten können.

Die bewußte Autosuggestion findet ihre Hauptanwendung in der Heilkunde. Hier dient sie sowohl der Vorbeugung wie der

Unterstützung der Heilung verschiedenster Störungen und Krankheiten. Die Methode stellt eine Ordnungstherapie dar, die als Zusatztherapie zu der jeweiligen ärztlichen Behandlung anwendbar ist.

Die Aufgabe der bewußten Selbstbeeinflussung besteht somit nicht darin, den Arzt zu ersetzen, sondern ihn zu ergänzen und die Wirkung seiner Therapie zu verstärken. Bei richtiger Durchführung kann die gezielte Autosuggestion nie schaden. Sie vermag aber unzähligen Kranken *grundlegend* zu helfen. Dies gilt vor allem für das Heer der vegetativ Labilen und der psychosomatisch Erkrankten, und dies gilt für die überwiegende Mehrzahl aller von funktionellen Störungen Betroffenen. Bei ihren Beschwerden spielen körperliche *und* seelische Faktoren, wie im besonderen auch nervliche, streß- und belastungsbedingte Ursachen eine große Rolle. Die Methode ist auch sehr geeignet für Personen, die rasch den Mut verlieren, verzagen und verzweifeln; für Patienten, die ihrer Genesung mißtrauen; die keine Geduld aufbringen und alle Hoffnung fahren lassen; und für Leidende, die durch andere negative Einstellungen oder negative Autosuggestionen ihre eigenen Heilvorgänge behindern. Mit Hilfe der bewußten Selbstbeeinflussung nach *Coué* wurden schon unzählige Störungen sämtlicher Schweregrade, auch langjährige, hartnäckigste schwere Leiden, die allen anderen Therapien zuvor getrotzt hatten, entscheidend gebessert oder völlig ausgeheilt.

Die bewußte Selbstbeeinflussung beruht auf Vertrauen. Vertrauen nicht bloß zu den von außen kommenden Hilfsmaßnahmen, sondern vor allem zu den eigenen, jedem Menschen innewohnenden Fähigkeiten, Begabungen und Kräften; Vertrauen zu sich selbst. Noch wissen die wenigsten über Existenz, Macht und Gewalt aller inneren Kräfte, über die sie verfügen. Sie ahnen nicht, wie stark sie in Wirklichkeit sind, und sie wissen nicht, wie sehr sie sich ihrer verborgenen Möglichkeiten zum eigenen Wohle bedienen könnten. Wer aber bei den vielen Schwierigkeiten des Lebens ungebrochen und erfolgreich bestehen will und wer sein Schicksal auf allen Ebenen froher und besser gestalten möchte, der vermag es nur durch bewußten Einsatz dieser eigenen inneren Kräfte und Fähigkeiten. Dies gilt für die Bewältigung von Lebenskrisen, Schicksalsschlägen, Not und Kummer; und dies gilt für alle Probleme des Menschen mit der eigenen Gesundheit. Schon eine uralte chinesische Weisheit sagt:

Wenn Du eine hilfreiche Hand brauchst – blicke auf Deine eigene!

Und im Abendland heißt es:

Hilf Dir selbst, dann hilft Dir Gott!

Damit ist keine Gotteslästerung gemeint, vielmehr gesagt, daß man in jeder Not *zunächst* seine eigenen Möglichkeiten aufzubieten und selbst sein Bestes zu leisten habe. Damit verschaffe man sich erst das Recht und die nötige Voraussetzung, um für sich höhere Hilfe erbitten zu dürfen.
Im Krankheitsfalle gilt dasselbe:
Wer den Arzt ruft, sich aber selbst verloren gibt, der lähmt seine Abwehr- und Selbstheilkräfte und behindert jede Therapie. Wer aber bei ärgster Krankheitsnot innerlich und äußerlich an seiner Gesundung mitarbeitet, wer zuversichtlich und felsenfest an seine Heilung glaubt, der unterstützt wirkungsvoll alle ärztlichen Bemühungen.
Es gibt zahlreiche Behandlungsformen in der Heilkunde, die gezielt auf innere und äußere Selbst-Mithilfe von seiten des Kranken aufgebaut sind:
Naturheilverfahren, Heilfasten, Entschlackungs-, Diät- und Ableitungskuren, biologische Behandlungsweisen usw.[3]). Sie erfordern aktive Mitarbeit des Patienten an seiner Gesundung. Jede solche Mitwirkung ruft eine große Zahl von Selbstheilkräften auf den Plan, die bei passiven Therapieformen, wie bei bloßer Medikamentenzufuhr, oft gar nicht aufgerufen werden und somit brach liegen bleiben. Aktive Heilverfahren geben somit dem Patienten die Möglichkeit, aktiv an der Gestaltung seines weiteren Krankheitsschicksals mitzuwirken und es dadurch günstig zu beeinflussen.

Die überwiegende Mehrzahl aller heute üblichen Therapien ist leider noch vorwiegend passiv. Dem Kranken wird oft nur wenig,

noch öfter gar keine Möglichkeit gegeben, im Rahmen der Therapieart *selbst* etwas Förderndes für seine Gesundung beitragen zu dürfen. *Eine* Selbst-Mithilfe-Methode bietet sich aber für nahezu *jeden* Menschen an, der selbst an der eigenen Gesundung mitarbeiten will: *Die bewußte Autosuggestion nach Emil Coué.*
Die bewußte Autosuggestion wird heute vielfach mit dem später entwickelten und stellenweise eng verwandten autogenen Training verwechselt. Während aber letzteres in seiner Unterstufe vor allem der Entspannung und der vermehrten Körperbeherrschung dient, besitzt die Autosuggestion, wie sie in diesem Buch dargestellt ist, ein viel breiteres Aufgabengebiet und weiteres Anwendungsspektrum. Dabei darf man unter Autosuggestion aber nicht etwa nur eine „mechanische Sprechübung" mit der in der ganzen Welt bekannten Suggestionsformel von *Coué* verstehen:

„Es geht mir mit jedem Tag, in jeder Hinsicht, immer besser und besser!"

„Tous les jours, à tous points de vue, je vais de mieux en mieux!"

„Every day and every way, it's going better and better!"

Die bewußte Autosuggestion ist viel mehr. Sie ist vor allem eine Selbst-Schulungs- und Selbst-Erziehungsmethode par excellence zur positiven Lebensgestaltung. Sie kann sich auf alle Ebenen des Daseins auswirken.

Der Einfluß der Autosuggestion läßt sich durch ihre Wirkung auf das sogenannte *Unbewußte* (oder Unterbewußte) erklären. Diese Region ist überaus sensibel, „hellhörig" und leicht beeinflußbar. Ihr gehören alle Tätigkeiten in unserem Organismus an, die sich unbemerkt von uns, das heißt unbewußt oder unterbewußt abspielen. Wie später noch näher erläutert, sind vor allem auch jene Funktionen dem Unbewußten zuzurechnen, die der *Aufrechterhaltung und Wiederherstellung der Gesundheit* dienen. Diese wichtigen Funktionen werden von einem inneren Ordnungs- und Heilprinzip gesteuert, das man *„der innere Arzt“* bezeichnet hat. Dieser Begriff ist für das Verständnis aller Heilvorgänge wertvoll:

Der innere Arzt ist der uns von Natur aus gegebene innere Erhalter und Wiederhersteller der Gesundheit. Er ist ein Teil des Unbewußten des Menschen und daher ebenso empfindsam, „hellhörig“ und leicht beeinflußbar wie dieses. Er reagiert wie ein Seismograph auf alle Autosuggestionen, die sich auf seine Tätigkeit beziehen.

Unsere Selbstbeeinflussungen können die ordnenden und aufbauenden Kräfte des inneren Arztes stärken, ja sogar durch Mobilisierung zusätzlicher Kräfte verdoppeln bis vervielfachen; aber sie können den inneren Arzt ebenso sehr schwächen, lahmlegen oder sogar fehlsteuern und Verschlimmerung der Krankheit verursachen.

In zahllosen Fällen und in hohem Maße liegt daher die Entscheidung über Krankbleiben oder Gesundwerden nicht nur am behandelnden Arzt und seiner Therapie, sondern vor allem auch am Patienten selbst.

Bei der Behandlung der allermeisten Leiden und Krankheiten kommt jenen Autosuggestionen eine tragende Rolle zu, mit denen ein jeder Kranke, ob bewußt oder unbewußt, tagtäglich und von früh bis spät, seinen inneren Arzt beeinflußt. Sogar der Verlauf schwerster Krankheitsprozesse wie Krebs kann ganz wesentlich von den Selbstbeeinflussungen des Kranken abhängen (Seite 178). Dies gilt genauso für akute wie chronische Krankheiten, sogar für Infekte, was unlängst wieder ein prominenter Wissenschaftler, Professor *V. E. Frankl* in seinem Festvortrag in der Gesellschaft der Ärzte in Wien unterstrichen hat[48]):

Die Immunlage (Abwehrlage) des Menschen wird maßgeblich von seiner Affektlage bestimmt!

Selbst anscheinend so meilenfern von allem Seelischen entfernte Leiden wie Unfallfolgen, Verletzungen und auch Knochenbrüche, worüber auch der bekannte Kliniker Professor *A. Jores* schreibt[49]), hängen in ihrem Heilverlauf maßgeblich von der inneren Einstellung und somit von den Selbstbeeinflussungen des Verletzten ab.

Fall 1

Graphiker, 30, bricht sich beim Skifahren ein Bein so unglücklich, daß er sofort operiert werden muß. Er liegt in einer Unfallstation im Urlaubsort und ist tief deprimiert. Erst vor kurzem hat er sich mit Hilfe von Darlehen selbständig gemacht und sollte in der Aufbauphase seines Berufes keinen Tag ausfallen. Da er als Kind Rachitis hatte, heilen außerdem seine Knochen sehr schlecht. Die erste Röntgenkontrolle nach der Operation zeigt fehlende Heiltendenz. Die Ärzte rechnen mit langwierigem Verlauf und langem Krankenhausaufenthalt. In seiner Verzweiflung schreibt der Patient dem Verfasser und erhält folgende Antwort:
„Wenn Sie sich so in Ihr Unglück hineinsteigern und zutiefst überzeugt sind, daß Sie keinerlei Heiltendenz besitzen, dann unterstützen Sie durch Ihre negativen Selbstbeeinflussungen eine weitere schlechte Entwicklung! Im Gegensatz dazu sollten Sie durch bewußte zuversichtliche Gedanken, Einstellungen und Worte Ihre inneren Heilkräfte mobilisieren! Auch Sie haben ganze Armeen an diesen Kräften! Sie müssen sie durch Selbstbeeinflussungen zum erfolgreichen Einsatz bringen! Sie haben jetzt den ganzen Tag Zeit, sich immer und immer wieder die bestmögliche Heilung Ihres Beines vorzustellen, sich den gesunden Zustand vor Augen zu führen und sich immer wieder vorzusagen, daß Sie mit Hilfe ihrer inneren Heilkräfte schon bald wieder gut laufen werden! Es ist meine Überzeugung, wenn Sie sich ab sofort nur mehr Erfolgsgedanken erlauben, z. B. wie Sie schon bald wieder glücklich in Ihrem Büro arbeiten werden, daß Ihre Ärzte nur noch staunen werden, wie rasch Sie das zustande bringen!"
Dazu kamen noch Anweisungen für bewußte Autosuggestionen samt zugehöriger Literatur.

Der Graphiker befolgte alles, dachte und sprach von früh bis spät nur mehr von baldigem Gesundsein. Schon die nächste Röntgenkontrolle zeigte eine Verlaufswendung mit guter Verbesserung; bei der übernächsten sagte der Chirurg sogar, daß er selten bei einem so komplizierten Bruch einen so einwandfreien und günstigen Heilverlauf sehe. 1 Woche später konnte der Patient, ungewöhnlich früh, mit Gehgips entlassen werden. Gleich darauf rief er aus seinem Büro an: ,,Es war ein großes Erlebnis! Ohne meine Autosuggestionen würde ich heute noch im Streckverband liegen! Ich kann wieder arbeiten und bin sehr sehr glücklich!"

2. Kapitel

Der innere Arzt

Jede Krankheit ist heilbar, aber nicht jeder Kranke *Coué*

Vom größten Arzt der beginnenden Neuzeit, *Paracelsus* (1494–1541), stammt der Ausdruck „der innere Arzt". Dieser „innere Heiler", „innere Alchimist" oder „Archäus" werkt 24 Stunden tagtäglich in jedem Organismus. Wie schon angeführt, sorgt er als unabhängiger Steuermann für die Aufrechterhaltung oder Wiederherstellung der inneren Ordnung (Gesundheit). Seine Tätigkeit ist lebenswichtig. Im Wunderwerk des menschlichen Organismus mit seinen Billiarden Zellen, festen und flüssigen Substanzen, mit Hormon-, Nerven-, Immunsystemen, Organen und Geweben, mit bewußten und unbewußten, mit körperlichen und seelischen Kräften, kurz: in diesem gewaltigen Mikrokosmos müßte totales Chaos herrschen, würde nicht diese Steuerung ständig schalten und walten. Hier treffen von allen Seiten unzählige Nachrichten ein, die der innere Arzt, tunlichst regulierend, sofort beantwortet. Dabei helfen verschiedene zentrale Schalt- und Steuerungsstellen im Zwischenhirn, das vegetative Nervensystem, Hormondrüsen, Abwehrsysteme, weiße Blutkörperchen als Polizei, Feuerwehr und Einsatztruppe sowie ein ganzes Heer unermüdlich schaffender Ordner-, Regler- und Gestaltungskräfte.
Die Wirkungsweise der inneren Heilorganisation mögen 3 Beispiele erläutern:

1. Jemand schneidet sich in den Finger. Blut quillt aus der Wunde. Blitzartig ist der innere Arzt informiert, und schon veranlaßt er am Katastrophenort:
   Verengung von Blutkapillaren zur Verringerung des Blutverlustes.
   Ansammlung von Blutplättchen zur Blutgerinnung.
   Aufmarsch von weißen Blutkörperchen zur Bekämpfung eingedrungener Bakterien usw.

2. Ein Kind erkrankt. Hohes Fieber, Schüttelfrost, Brechen, Durchfall treten ein. Dies beweist, daß der innere Arzt bereits mit dem Abwehrkampf gegen Krankheitserreger und Gifte am Werke ist. Fieber und Ausscheidungen sind Gegenmaßnahmen zur Verbrennung und Entfernung der Feinde.
3. Ein Manager mit Magengeschwür. Er hetzt sich, lebt von Kaffee, raucht viel, gönnt sich keine Muße. Schließlich fährt er in Urlaub und lebt vernünftig. Sein Geschwür heilt zu. Der innere Arzt, diesmal unbehindert von schädlichen Faktoren, hat dies allein bewirkt.

Die entscheidende Rolle des unabhängigen inneren Heilprinzips für die Gesundheit ist den Ärzten seit Jahrtausenden bekannt. Sie sprachen von der „vis medicatrix naturae“ – der Heilkraft der Natur, und lehrten:

medicus curat – natura sanat.

Der Arzt kuriert (verordnet die Kur, die Medizin usw.), es heilt die Natur (der innere Arzt).
Da sich die Tätigkeit unserer Heilkräfte unbemerkt, d.h. unterhalb der Schwelle unseres Bewußtseins abspielt, gehört der innere Arzt, wie schon betont, der Region des Unbewußten an. Daher treffen alle Regeln, die für das Unbewußte Gültigkeit besitzen, auch für den inneren Arzt zu. Das Unbewußte, und damit auch der innere Arzt, sind keine automatisch tätigen Mechanismen oder Schaltstellen. Im Gegenteil! Sie sind höchst lebendige, höchst sensible und individuelle Anteile jedes menschlichen Seins. Unter bestimmten Voraussetzungen schaffen sie unermüdlich, mobilisieren immer neue Kräfte und steigern sich zu staunenswerten Spitzenleistungen. Unter anderen bestimmten Voraussetzungen arbeiten sie hingegen vermindert, lustlos bis fehlerhaft. Die jeweiligen Selbstbeeinflussungen spielen dabei eine entscheidende Rolle!

3. Kapitel
Das bewußte und das unbewußte Ich

Das Unbewußte regelt die gesamten Funktionen unseres Organismus. *Coué*

In jedem Menschen gibt es einen ihm bewußten (oder oberbewußten) und einen ihm unbewußten (oder unterbewußten) Bereich:
Das bewußte und das unbewußte Ich.
Sigmund Freud (1856–1936), der Entdecker der Psychoanalyse, hat das Verhältnis dieser beiden Bereiche zueinander durch den Vergleich des Menschen mit einem Eisberg verdeutlicht. Bekanntlich ist vom Eisberg nur *ein* Zehntel sichtbar, während *neun* Zehntel unsichtbar sind.
Der kleinere Teil, das bewußte Ich, besitzt die Kraft des Verstandes, der Vernunft, des Urteils und Willens. Es leitet die bewußten Vorgänge, die vom Gehirn gesteuert werden: Denken, Sprechen, Schreiben, Lesen, Lernen, Planen usw. und umfaßt auch alle anderen, uns bewußten Tätigkeiten, die dem Willen unterstellt sind.
Der größere Teil, das unbewußte Ich, leitet sämtliche, vom bewußten Willen unabhängige Vorgänge in unserem Körper. Dazu gehören die schon erwähnten, vom inneren Arzt gesteuerten Kräfte, und sämtliche autonomen (willensunabhängigen) Organfunktionen, wie die Atmung, die Herztätigkeit, die Verdauung, der Wärmehaushalt, die Drüsensekretion, das vegetative Nervensystem, die Blutbildung, das Wachstum des Kindes von der Empfängnis an, kurz alle Lebensvorgänge, die sich unbewußt und dennoch wohlgesteuert in uns abspielen. (Mit dem Willen kann man keines dieser Organe veranlassen, etwa mehr oder besser zu arbeiten!)

Dem unbewußten Ich gehören auch alle uns nicht vollbewußten Vorgänge in unseren seelisch-geistigen Seinsschichten an. Letztere werden von manchen Autoren als das *Überbewußte* bezeichnet oder als Quellgrund aller schöpferischen Kräfte, aller Inspirationen, Intuitionen, genialen Einfälle und Erleuchtungen.

Der Sammelbegriff des Unbewußten umfaßt somit eine Fülle verschiedenartiger Eigenkräfte und Fähigkeiten. Jeder Mensch besitzt sie, allerdings in sehr unterschiedlicher Entwicklungsstufe und individueller Prägung.

Tief verwurzelt und verborgen im Unbewußten wirken außerdem noch die folgenden höchst bemerkenswerten Kräfte. Ihre Kenntnis ist für das Verständnis der Autosuggestion wichtig. Es sind dies:

Die Bilde-, Gestaltungs- und Verwirklichungskräfte

Sie sind an der Durchführung aller Leistungen, die wir vollbringen, insgeheim mitbeteiligt, da alle Leistungen vor ihrer Verwirklichung zunächst im Unbewußten vorgebahnt, vorgeformt oder vorgestaltet sein müssen. Auch alle Vorhaben in der Außenwelt werden zunächst in der Innenwelt, im Unbewußten, vorgestaltet. Die Kräfte der Gestaltung und der Phantasie können bereits durch jede Idee oder jede Information, die gestalterische Möglichkeit in sich besitzt, auf den Plan gerufen werden. Sie sind schaffensbegierig und stürzen sich auf alle Gestaltungs- und Formungsaufgaben, die das Unbewußte erhält. Bei Bedarf arbeiten sie rund um die Uhr, am besten jedoch während des Schlafes, weil sie da nicht durch unsere Gedanken gestört werden.

Oft bekommt man den Rat, eine Entscheidung zunächst zu überschlafen. Dieser Rat ist gut, weil so die Bildekräfte Gelegenheit erhalten, ungestört verschiedene Alternativen zu bearbeiten, verschiedene Lösungsmöglichkeiten modellartig im Inneren zu gestalten, so daß man mit vertieften Erkenntnissen erwacht.

Die Bilde- und Gestaltungskräfte können auch den inneren Arzt in seiner Tätigkeit entscheidend unterstützen. Ebenso wirken

sie bei allen anderen gestalterischen Vorgängen im Menschen mit, wie bei künstlerischem Schaffen, bei beruflichen, sportlichen, erotischen und anderen Handlungen. Sie leisten die innere Vorarbeit, den hintergründigen Teil einer Arbeit, wobei ihnen oft noch die hohen schöpferischen, seelisch-geistigen Kräfte des Menschen zu Hilfe kommen.
Daher kann man zu Recht sagen:

Die beste Arbeit vollzieht sich im Unbewußten.

Da die genannten Kräfte die Verwirklichung unserer Vorhaben insgeheim aber entscheidend unterstützen, bezeichnete *Coué* sie als *„unsere besten und treuesten Diener“.* Andere Autoren wieder sprechen vom *„geheimnisvollen Helfer in uns“.* Wir kommen im Nachfolgenden wiederholt auf diese Kräfte zurück.

Eigenschaften des Unbewußten

Die Erkenntnis, daß das Unterbewußtsein durch Gedanken gelenkt werden kann, ist vielleicht die größte Entdeckung aller Zeiten. *William James* (1842–1910)

Wie die Pflanze auf Änderung von Umweltfaktoren, Witterung, Temperatur, Licht usw. sofort reagiert, so antwortet unser Unbewußtes auf alle auf uns einwirkenden Einflüsse. Es empfängt, wie ein höchst empfindliches Radarsystem, von allen Seiten des Organismus, von Körper und von Seele, seine Informationen und beantwortet sie, weil es lebensnötig sein kann, möglichst sofort. Auf Berührung einer glühendheißen Kochplatte erfolgt die blitzartige Rückziehung der berührenden Hand, noch ehe das bewußte Ich die Zusammenhänge durchschauen konnte. Diese schlagartige, mit reflexartiger Automatik erfolgende Beantwortung von Informationen besitzt bei Gefahren oft lebensrettende Vorteile. Sie hat aber den Nachteil, daß Informationen nicht auf ihre Richtigkeit überprüft werden können. Falsche Nachrichten führen daher auch leicht zu falschen Reaktionen. Diese Tatsache ist von großer Bedeutung:

Das Unbewußte bewertet alle unsere Gedanken, auch unsere vielleicht schon bald sich ändernden, leicht wankenden, leicht irrenden Gedanken, Empfindungen und Worte stets als vollgültige Informationen und beantwortet sie durch unsere „besten und treuesten Diener", also durch unsere Gestaltungskräfte, möglichst sofort. Die Antwort besteht im Gestalten aller gestaltungsfähigen Informationen. Das bedeutet, daß unsere Gedanken das Unbewußte weitgehend lenken können, und daß die „geheimnisvollen Helfer in uns", nämlich unsere Bilde- und Gestaltungskräfte, weitgehend abhängig sind von der Art unserer Gedanken.

Auf diesen Zusammenhängen beruht beispielsweise das autogene Training nach *J. H. Schultz*[4]):

Auf die Information durch die Übungsformel: „Arme sind ganz schwer!" oder „Arme sind ganz warm!" fühlen sich die Arme (wenn nicht Hemm-Mechanismen zwischentreten) sogleich ganz schwer oder ganz warm an. Die suggestive Information wird von den unbewußten Gestaltungskräften aufgenommen und sogleich verwirklicht.
Auf dem gleichen Prinzip beruht die sogenannte Kopf-Uhr: Wer seinem Unbewußten die Information übermittelt (suggeriert), er erwache des Morgens um 4 Uhr, der wird auch pünktlich munter, da ihn das Unbewußte rechtzeitig weckt.
Und wer in der Nacht mit der Vorstellung einschläft, er erfreue sich bald bester Gesundheit, der wird schon bald merken, daß die geheimnisvollen Helfer in ihm bereits seiner Eingebung Folge leisten.
Auch die bei der Autosuggestion nach *Coué* verwendete Suggestionsformel, nach der es dem Betreffenden

ergehe, setzt ebenso erfolgreich (wenn sich keine Hemmungen zwischenschalten) die entsprechenden Gestaltungsimpulse in Aktion.
Die dem Unbewußten zukommenden Informationen befahren aber keine Einbahnstraßen. Sie müssen keinesfalls nur zur positiven Gestaltung, zur Besserung und Harmonisierung hinführen. Im Gegenteil! Durch negative Nachrichten, etwa durch Gedanken eines Kranken, es gehe ihm sehr schlecht, er sehe keine Hoffnung mehr, erleidet der innere Arzt eine augenblicklich eintretende Lähmung seiner Tätigkeit (siehe später!)

Naturgemäß erhält das Unbewußte nicht nur aufbauende oder herabziehende Gestaltungsinformationen. Es empfängt auch Impulse, die sich gar nicht oder im Augenblick noch nicht realisieren lassen. Aber starke Impulse können auch auf Jahre oder Jahrzehnte gespeichert werden, um sich dann, wenn der Weg für sie frei wurde, zu verwirklichen. So können sich die intensiven Vorstellungen eines Schülers, was er alles später als Professor besser machen würde, dereinst voll realisieren und ausleben.
Es sind die oftmals wiederholten, stark empfundenen Impulse, die sich tief in das Unbewußte eingraben, die später zur Erfüllung lang gehegter geheimer Sehnsüchte führen. Jugendträume werden Wirklichkeit oder – im negativen Fall – Mißerfolge treten ein oder ein Leiden bricht aus, das der Betroffene schon lange zuvor ständig gefürchtet hat (Verwirklichung negativer Autosuggestionen!).

Antwort des Unbewußten auf Befehle

Die erstaunliche Tatsache sei wiederholt: Unsere Gedanken, Vorstellungen und Worte können so auf das Unbewußte einwirken, daß „unsere besten und treuesten Diener“, d.h. unsere unbewußten Gestaltungskräfte, augenblicklich in entsprechende Aktion treten.

Ganz anders verhält sich das Unbewußte, wenn es vom bewußten Ich an Stelle von Informationen *Befehle oder Willenseingriffe* erhält. Das große und mächtige Unbewußte läßt sich nämlich von dem viel kleineren und oft überheblichen Bewußten grundsätzlich nichts befehlen!
Das ist praktisch sehr wichtig! Denn alle Befehle, Energie- oder Willensanspannungen, die vom Bewußten in die Bezirke des unbewußten und autonomen (unabhängigen) Geschehens einzugreifen trachten, werden vom Unbewußten abgelehnt und stets zum Mißerfolg gebracht.
Im Alltag können wir dies deutlich beobachten. Oft versuchen wir uns von bestimmten, im Unbewußten verwurzelten schlechten Angewohnheiten, Fehlern, Schwächen, Komplexen, Leidenschaften und Süchten mit einem Energieanfall, mit der geballten Kraft unseres Willens, endlich zu befreien. Wir befehlen uns klipp und klar, ab sofort etwa nicht mehr beleidigt oder eifersüchtig zu sein, keine Zornausbrüche mehr zu bekommen, eine schlechte Leidenschaft oder Sucht abzustellen usw. Aber leider, je mehr wir uns befehlen, desto heftiger schlägt unser Unbewußtes zurück: Schon beim nächsten Anlaß versagen wir noch mehr als zuvor!
Dem *Schlafgestörten* geht es nicht besser. Wenn er sich schlaflos im Bette wälzt und sich befiehlt (genau genommen befiehlt er seinem Schlafzentrum, das dem Unbewußten zugehört!) sofort einzuschlafen, dann wird er, je energischer die Befehle sind, nur um so schlafloser und unruhiger werden.
Oder: Wenn der *Gefäßlabile,* der leicht zu Erröten neigt, sich (d.h. seinem autonomen Gefäßsystem!) in einer heiklen Situation befiehlt, jetzt ja nicht zu erröten, so bekommt er innerhalb von Sekunden einen knallroten Kopf.
Oder: Wenn sich der *Schüchterne* befiehlt, ja nicht schüchtern zu sein, dann verhält er sich um so unsicherer, linkischer und stellt sich bloß.

Coué hat diese Zusammenhänge erkannt und gelehrt:

Läßt man den befehlenden Willen wie einen unumschränkten Herrscher auf das Unbewußte einwirken, so sträubt sich das

Unbewußte. Es führt nicht nur den Befehl nicht durch, sondern tut genau das Gegenteil!

Das gleiche Gesetz, „das Gesetz des Gegenwillens", besagt auf Krankheiten bezogen:
Jede Willens-Anstrengung, die man gegen ein Übel, gegen ein Leiden, gegen eine Sucht oder gegen Zwangsgedanken ankämpfen läßt, verstärkt das Übel.
Der *Asthmatiker,* der sich befiehlt: „Ich will jetzt frei atmen!", der atmet sogleich verkrampfter, bekommt weniger Luft und eventuell einen Anfall.
Der *Migräniker,* der sich befiehlt: „Ich will jetzt einen freien Kopf!", erzeugt eine Verschlechterung.
Der *Stotterer,* der sich befiehlt: „Ich muß jetzt klar und deutlich sprechen!", bringt kaum eine Silbe hervor. Unzählige Personen mit vegetativen und psychosomatischen Störungen, auch mit Hemmungen und Ängsten, mit Lampenfieber, Platzangst, Examensangst oder mit Komplexen, Verspannungen, nervösen Erregungen und Verkrampfungen, versuchen sich mit Willenseinsatz oder Befehlen von ihren Übeln zu befreien. Aber sie steigern sich dadurch nur in eine Zustandsverschlimmerung und oft noch in ein Chaos von deprimierenden Empfindungen hinein. Gleiches gilt für alle Versuche, Krankheiten oder Leiden mit „ICH WILL!" oder „ICH MUSS!" zu bekämpfen. Es führt einfach jede Form von Erzwingenwollen von gesundheitlichen Erfolgen oder sonstigen Verbesserungen in Bereichen, die unbewußt gesteuert werden, zu Verkrampfungen und sonstigen ungünstigen Gegenreaktionen des Unbewußten.
Dies gilt auch für jede willensbetont, angespannt, ungeduldig oder verbissen durchgeführte bewußte Autosuggestion (siehe später!).

4. Kapitel
Beeinflussung des Unbewußten

Viel vermag der Gedanke,
mehr die Vorstellung,
am meisten der Glaube.

Es sei wiederholt: Jeder Gedanke, der sich in uns bewegt, jedes Gefühl, das wir empfinden, jede Vorstellung, die wir uns machen, kann in derselben Sekunde schon unsere Gestaltungskräfte in der entsprechenden Richtung auf volle Touren loslaufen lassen. Es gibt nur noch eine Möglichkeit, eine Instanz, die das verhindern kann. Es ist dies:

Der kritische Verstand.

Er gehört unserem Bewußtsein an und registriert die Mehrzahl aller unserer Gedanken, Empfindungen und Vorstellungen. Mit seinen nüchternen Kommentaren dazu, die oft durch Zweifel, Skepsis, Ablehnung, Widerspruch gekennzeichnet sind, verfügt er über so etwas wie „Wach- und Kettenhunde" vor der Türe zum Unbewußten. Diese „Hunde verbellen" alle ihnen unglaubwürdigen oder sonstwie verdächtigen Nachrichten, so daß sich das gewarnte Unbewußte, gleich ob zu Recht oder zu Unrecht, ihrer Annahme verschließt. Die Nachrichten bleiben wirkungslos. –

Diese Kontrollfunktion des kritischen Verstandes hat zwei Seiten. Sie kann sich für uns sowohl günstig als auch ungünstig auswirken. Sie wirkt günstig, wenn sie unser Unbewußtes davor bewahrt, verkehrte Informationen und schädliche Fremdsuggestionen gläubig anzunehmen.
Sie wirkt ungünstig, wenn sie unser Unbewußtes daran behindert, wertvolle Nachrichten anzunehmen. Dies ist dann der Fall, wenn sich der kritische Verstand irrt und sich in Bereichen Urteile anmaßt, die er nicht richtig beurteilen kann. Je „kopflastiger" ein Mensch ist, desto mehr versucht sein kritischer Verstand die Herrschaft

an sich zu reißen, überall mitzubestimmen und Kritik zu üben. Dadurch werden hilfreiche Informationen abgelehnt und aufbauende Worte, Ratschläge und Suggestionen unwirksam gemacht. Die oft fatale Einspruchsmöglichkeit des kritischen Verstandes kann auf zweierlei Weise überwunden werden:

1. Durch die konsequente Wiederholung einer Nachricht durch lange Zeit hindurch. Dadurch wird es dem Verstand schließlich verleidet, sich andauernd gegen diese Nachricht zur Wehr zu setzen. Dies trifft z. B. bei der monatelangen Berieselung durch einen Werbeslogan im Radio und Fernsehen zu, sowie bei konsequenter Anwendung einer Autosuggestionsformel. Letztlich kapituliert der Verstand und die Formel beginnt zu wirken.

2. Durch festes Glauben an eine Nachricht. Die in Aktion gesetzten Glaubenskräfte sind unvergleichlich mächtiger als der kritische Verstand. Sie überschwemmen ganz einfach alle Barrieren des Verstandes, dringen siegreich in das Unbewußte ein und bringen die Gestaltungskräfte zum erwünschten Einsatz.

Durch *übertriebenes* Dareinreden-Lassen des kritischen Verstandes versperren sich viele Personen ständig den Zugang hilfreicher Impulse. Sie schenken eher allem Ungünstigen als dem Günstigen ihren Glauben; sie betreiben eine verkehrte Auslese ihrer Nachrichten und sie behindern ihre eigenen besten Kräfte am erfolgreichen Gestalten und Verwirklichen.
Durch *mangelhafte* Anwendung des kritischen Verstandes schenken wieder allzu unkritische Personen nahezu ungeprüft allen Nachrichten blinden Glauben und werden rasch zu schutzlosen Opfern ungünstiger Informationen und Fremdsuggestionen. Auch reichlich verrückte Äußerungen, unglaubwürdige Ideen, unberechtigte Vorwürfe können sich auf Grund der Kritiklosigkeit und Leichtgläubigkeit dieser Personen unbehindert als Autosuggestionen auswirken und zu Verblendungen, Verstimmungen, Depressionen führen; sie können traurige Empfindungen hochschaukeln, Gefühle der Hoffnungslosigkeit, Verlorenheit und Verzweiflung steigern und in krassen Fällen zu schwersten Gemütswirrungen bis hin zum Selbstmord führen.

Die grundsätzlich gleichen Zusammenhänge besitzen auch für den inneren Arzt ihre Gültigkeit:
Unser inneres Heilprinzip erfährt alle auf die Gesundheit bezogenen Gedanken, Empfindungen und Worte. Je tiefer wir sie empfinden, desto intensiver wirken sie: Anspornend, beschleunigend oder hemmend bis lähmend. Fortlaufend negative Nachrichten können die Regulierungskräfte des inneren Arztes sogar umpolen, so daß sie in die falsche Richtung hin, in Richtung Krankheit, gesteuert werden. Verkehrte Fütterung eines Computers führt zu verkehrten Ergebnissen! Der Kranke, der ständig trübe Gedanken in sich wälzt, etwa es werde alles schlechter, nichts mehr könne helfen, es gehe dem Ende entgegen, erreicht mit aller Sicherheit, daß sich seine Krankheit rapide verschlechtert. Diese Tendenz hält so lange vor, bis vielleicht günstige, zumindest ebenso fest geglaubte Nachrichten auf das Unbewußte des Kranken einwirken, welche die Wirkung der vorigen Information auslöschen und an ihre Stelle eine erfreuliche Entwicklung in Gang setzen. Dementsprechend lehrt *Coué* in seinem „Gesetz der Gedankenverwirklichung":

Jeder Gedanke, der uns erfüllt, drängt mit aller Macht auf seine Verwirklichung – soweit diese überhaupt im Rahmen des Naturgesetzlichen möglich ist.

Dies bedeutet, daß dem scheinbar so belanglosen Gedankenleben des Menschen auf Grund seiner autosuggestiven Wirkung eine geheime und enorme Machtfülle für das gesamte Dasein zukommt. Wir prägen uns ein:

Wie das Wasser den Weg zum Meere findet, so finden die Gedanken, die uns erfüllen, den Weg zu ihrer Verwirklichung!

Unter Gedanken, „die uns erfüllen", sind sowohl Gedanken, wie Empfindungen, Vorstellungen und Worte gemeint, die wir tief empfinden und erfühlen. Von ihrer Richtigkeit sind wir überzeugt und durchdrungen. Je inniger wir sie erleben, je fester wir an sie *glauben,* desto stärker beeindrucken sie unsere Gestaltungskraft; desto intensiver ist aber auch ihre autosuggestive Wirkung.

Wir haben gar keine Ahnung, welch ungeheure Kräfte in jedem Menschen schlummern! Kräfte, die Großes bewirken können, wenn man sie nur durch den unbeirrbaren Glauben an sich und seine Möglichkeiten weckt und in richtige Bahnen lenkt! Daher kann allein schon den innig empfundenen, fest geglaubten Gedanken eine schicksalbestimmende Rolle zukommen; eine Rolle, die viel wichtiger ist als alles, was wir nur oberbewußt zu wünschen oder zu wollen vermeinen. Wir beachten es viel zu wenig, aber wir müssen es beachten lernen, müssen es uns einprägen und einhämmern:

Nicht das geschieht, was wir wollen, sondern nur das, was wir glauben!

Coué erläutert dies anhand eines Versuches[1]):
Man stelle sich einen langen und breiten Balken vor, der am Boden liegt. Jedermann, den man dazu auffordert, kann von einem Ende zum anderen, ohne daneben zu treten, darübergehen. Nun wird der Versuch verändert: Man soll über den gleichen Balken gehen, der jetzt statt am Boden liegend, hoch oben die Doppeltürme eines Domes als Steg verbindet. In diesem Falle werden sich alle – mit Ausnahme von Artisten – weigern, darüberzugehen. Mit Recht. Trotz stärkster Anspannung der Willenskräfte würden sie höchstwahrscheinlich abstürzen.
Man fragt sich: Warum fällt man nicht beim liegenden und warum beim hohen Balken?
Antwort: Weil man sich beim liegenden Balken vorstellt – und daran autosuggestiv glaubt (!) – die Aufgabe leicht zu meistern, während man beim hohen Balken an die Gefahr des Absturzes autosuggestiv glaubt. So geschieht eben nicht das, was man will, sondern das, was man glaubt.

5. Kapitel
Beeinflussung des inneren Arztes

Die wichtigste Voraussetzung
zur ungehinderten Entfaltung
verborgener Kräfte besteht
im Glauben an die eigene Kraft. *E. Zingg*[29])

Unser Leben ist ein ständig fließender Prozeß. Tief empfundene Gedanken lenken die strömenden Lebenskräfte des Unbewußten und damit die des inneren Arztes. Zuversichtliche Impulse wirken um so stärker, je fester wir an unsere Fähigkeiten und an den Erfolg unserer Bestrebungen glauben. Minderwertigkeitsgefühle, Hemmungen, Zweifel uns selbst gegenüber, alarmieren die Kettenhunde des kritischen Verstandes und blockieren jede Aufwärtsentwicklung.

Immer kommt es auf den Glauben an. Man kann sich leider nicht zum Glauben zwingen. Aber – man kann sich dazu *erziehen!* Erziehen im Sinne von *Coué* bedeutet nicht um etwas kämpfen. Im Gegenteil, die bewußte Selbstbeeinflussung verträgt sich nicht mit kämpfen, anstrengen, erzwingen-wollen. Sie verträgt sich nur mit sanftem, anstrengungslosem, leicht von der Hand gehendem Vorgehen. Jede bewußte Autosuggestion, auch das Vorsagen einer Formel, darf nur ganz leichthin, natürlich, höchst einfach und kinderleicht vor sich gehen!

Grundsätzlich soll man alles, was man überhaupt angehen oder erreichen will, von vornherein als (relativ) leicht betrachten. Wo irgend möglich, soll man gerne die Worte verwenden: *„Ich kann es, es fällt mir leicht!“* oder *„Ich mache es gerne, ich schaffe es gut!“* Damit fördert man eine positive Einstellung und erzielt bessere Resultate als etwa mit: „Das ist sehr schwer, davor fürchte ich mich!“ oder „Ich mache es sehr ungern, das schaffe ich nicht!“

Wer sich einstellt, daß eine Sache leicht ist und gut gelingt, der meistert sie viel leichter und besser. Er bekommt ,,automatisch" durch seine Autosuggestion die volle Unterstützung vieler seiner inneren Hilfskräfte, die ihn bei negativer Einstellung völlig im Stich lassen würden.

Dieses Prinzip des *,,Es ist leicht! Das schaffe ich gut!"* gilt auch für die Aufbietung der vollen Mitarbeit des inneren Arztes und seiner heilsamen Ordnerkräfte. Dementsprechend gehe man auch bei der *Einnahme von Medikamenten* vor. Man sage sich, wie *herrlich* die Arznei die Heilvorgänge vorantreibt. Und man empfinde bewußt im voraus schon *Dankbarkeit* für die in Gang gesetzte Besserung! Sie wird dann um so stärker sein!

H. Voegele [50]) berichtet von einem Mann, der seit früher Jugend unter Schwindelanfällen litt. Eines Tages wollte er einen Aussichtsturm besteigen, der aus einem allseits durchsichtigen Stahlgerüst besteht. Aber schon nach wenigen Stufen schwankten ihm die Knie und das Herz schlug stürmisch. Nachdem er anschließend durch einige Wochen die *Coué*-Methode angewandt hatte, versuchte er es noch einmal. Dabei sagte er sich wiederholt: ,,Es ist leicht, ich vermags!", bestieg ohne jeden Schwindel den Turm, obzwar auf Grund eines Sturmes das ganze Gerüst spürbar im Winde schwankte. Hoch oben genoß er dann froh die herrliche Aussicht.

Dementsprechend gibt *Coué* dem inneren Arzt die Suggestionen:

Ich werde mich körperlich und seelisch einer besseren Gesundheit erfreuen, als sie mir bisher gewährt war!

Ich werde mich stark, kräftig, gewandt, munter und voll Leben fühlen; außerdem werde ich heiter sein und mich wohl befinden in jeder Hinsicht!

Es geht mir mit jedem Tag – in jeder Hinsicht – immer besser und besser!

Wer solche heilsam wirkende Worte sich konsequent immer wieder in aller Stille zu Gemüte führt wie einen erquickenden Trank, den durchflutet schon bald ein Gefühl wohltuender Ruhe, Gelassenheit und Heiterkeit. Innere Wolken lösen sich auf, ziehen vorbei, der Himmel des Gemütes wird hell und licht. –

Übungsmöglichkeiten, um seine Gedankenflüsse besser lenken zu lernen, bieten sich alltäglich an:

Man kann die düstere Brille ablegen, mit der man vieles im Leben zu betrachten gewohnt ist. Man kann, anstatt sich wie bisher mit bestimmten negativen Ereignissen und Symptomen eingehendst zu befassen, anstatt sie in den Mittelpunkt seines Gedankenlebens zu stellen, anstatt sie zu analysieren und sich von ihnen bedrücken zu lassen, sich dazu erziehen, mehr die andere, die bessere Seite der Dinge zu beachten. Es gibt nichts auf diesem Planeten, das nur *eine* Seite, nur eine *Schatten*seite besitzt!
Zwei Personen trinken einen köstlichen Wein. Für jeden bleibt nur mehr ein halbes Gläschen. Da sagt der eine betrübt und wehmütig, daß er nur mehr ein halb*leeres* Glas hätte. Der andere entgegnet ihm froh und genußvoll, daß das seine noch halb*voll* sei.

Bei beiden Personen besteht die gleiche Situation. Für den einen ist sie Anlaß zur Betrübnis, für den anderen Ursache zur Freude. So hängt es von jedem ab wie er die Situationen seines Lebens betrachtet und was er daraus macht.

Jeder hat die Macht sich zu beeinflussen, künftig mehr das Günstige als das Ungünstige zu sehen und sich danach auszurichten. Jeder kann sogar die Fähigkeit entfalten, im Falle unglücklicher Ereignisse, auch jene Vorteile zu erkennen, die sich letztlich aus der Bewältigung dieser Übel entwickeln lassen; und jeder kann sich darin schulen, die vielen positiven Dinge, die jeder Mensch besitzt und die immer wieder in sein Leben treten, richtig zu erkennen und zu würdigen. Es gibt aber staunenswert viele Personen, die fast nur an das denken, was sie nicht haben, was ihnen fehlt, was ihnen mißlingt, was sie bedrückt oder schmerzt.

Zum Glück besitzt aber ein jeder die Fähigkeit, Erkenntnisse zu gewinnen, Versäumnisse nachzuholen, Fehler wiedergut-

zu machen, daraus zu lernen. Jeder kann in seiner Einstellung von vorne beginnen, sich wandeln, seine Zukunft von innen her weiser gestalten. Mit jeder geringsten positiven Veränderung, mit jedem Mehr an Optimismus, bahnt man aufbauenden Impulsen den Weg. Mit jedem glückbetonten Gedankenbild zieht man mehr Freude und Gelingen an sich, stärkt seine Lebenskräfte und eröffnet sich ähnlichen Einflüssen anderer Personen. Dadurch fließen deren verwandte Gedankenströme mit den eigenen zusammen, verstärken sie und befruchten das Innenleben.

Nach *William James,* dem großen Seelenforscher, nimmt der Mensch meist nicht mehr als zehn Prozent seiner gesamten Fähigkeiten in Anspruch. Der Rest bleibt brach liegen. Der Zugang zu diesem Rest an ungehobenen unermeßlichen Schätzen, an lebensfördernden Gütern, Möglichkeiten, Erkenntnissen und an seelischen und geistigen Heilkräften führt nur durch *eine* Pforte: Durch den Glauben an sich selbst und an das Vorhandensein dieser innersten Werte. *So ist der Glaube an sich selbst der wichtigste Schlüssel für jeden Erfolg. Dies gilt auch für den inneren Arzt.*

Der innere Arzt läßt sich durch festen, unbeirrbaren Glauben an Heilung zu einem Herkules an Überleistung steigern. Eine ganze Armee an inneren Kräften, die allein der Glaube an sich selbst aufzubieten vermag, kann ihm dabei zu Hilfe kommen und Entscheidendes bewirken.

Bei der Behandlung von Unannehmlichkeiten, Störungen, Leiden und Gebrechen kommt es aber auf jede einzelne Selbstbeeinflussung an! Nach *Bô Yin Râ*[43]) genügt schon

„die leiseste Einrede“

negativer Gedanken, um sofort die Tätigkeit der heilsamen Ordnungskräfte im Organismus zu *lähmen!* Daher ist es zur Gesundung entscheidend, alle seine unbewußten Autosuggestionen unter

Kontrolle zu bringen und ausnahmslos in die Richtung Heilung zu steuern. *Wer krank ist und in all seinem Denken, Vorstellen und Sprechen nur mehr das Bild seiner baldigen Gesundheit in sich trägt, und wer vom Glauben an seine Heilung durchdrungen ist, der entfesselt sämtliche hilfreiche und ordnende Kräfte seines Seins. Dies führt in Verbindung mit der gleichzeitig erfolgenden ärztlichen Behandlung zu oft kaum für möglich gehaltenen Heilerfolgen.*

Fall 2
Ehemalige Lehrerin, 42, mit 2 Kindern, zart, gesundheitlich labil. Seit dem Tod ihrer Schwester an Darmkrebs fühlt sie sich ständig krank und schwach. Sie erhält zahlreiche Behandlungen, liegt mehrmals in Kliniken. Sie klagt über Herzbeschwerden, Müdigkeit bis Erschöpfung, extreme Darmträgheit mit großem Abführmittelkonsum, Infektanfälligkeit, Leber-, Gallen- und andere Störungen. Keine Therapie bringt dauernde Hilfe. Seit 2 Jahren liegt sie auch tagsüber oft im Bett, Gatte und Kinder verrichten den Großteil des Haushaltes. Schließlich sucht sie einen neuen Arzt auf. Dieser stellt als tiefere Ursache fehlerhafte Lebenseinstellung und Krebsangst fest. Er macht der Kranken klar, daß sie sich den größeren Teil ihrer Leiden durch ihre negativen Selbstbeinflussungen selbst angeeignet hat, und, daß sie sich daher auch nur selbst davon befreien kann. Von ihren Psychopharmaka, Beruhigungsmitteln und sonstigen Medikamenten sei alles Mögliche, aber nichts Heilsames für sie zu erwarten. Statt über ihre Krankheit zu grübeln, müsse sie wieder lernen, ihr Leben von der positiven Seite aus zu betrachten und neu aufzubauen; sie könne dankbar für alles Gute, für den hilfreichen Gatten, für die braven Kinder usw. sein; und sie hätte endlich das scheußliche, verlogene, selbst eingebildete Bild der drohenden Krebskrankheit ihres Körpers durch das reale Bild einer sicher wieder herzustellenden guten Gesundheit zu ersetzen. Die Lehrerin führt darauf eine Darmreinigungskur[3]) durch und wird dabei auch in der Behandlung der Erkältungs- und Infektionskrankheiten mit natürlichen Mitteln[3]) so unterwiesen, daß sie ab nun keine Antibiotika und sonstige Pharmaka mehr

benötigt. Mit dem einzigen noch auftretenden Infekt wird sie erstmals in wenigen Tagen gut fertig. Gleichzeitig wendet sie die 3 Aufgaben der bewußten Autosuggestion (siehe später!) geschickt an und ist nach 3 Monaten kaum mehr zu erkennen. Sie hat, nach ihren Worten, nun ein völlig neues Leben begonnen, ist voll Schaffensfreude und Zuversicht, bewältigt gut ihre häuslichen Aufgaben und fühlt sich nicht mehr krank; dafür unvergleichlich glücklicher, gesünder, kraftvoller und leistungsfähiger. Der ursprünglich verzweifelte Gatte meint, mit seiner Frau sei ein Wunder geschehen. Das „Wunder" aber bestand vor allem in der Aktivierung der zuvor gelähmten inneren Ordnungs- und Selbstheilkräfte.

6. Kapitel
Die Gedanken

Gedanken sind geflügelte feurige Rosse.
Ungezügelt stürmen sie mit Dir davon,
wohin Du nicht willst.
Weißt Du sie aber zu lenken,
so wirst Du Deines Schicksals Meister.

also nur ca. 67 Jahre

Nach dem deutschen Philosophen *Bô Yin Râ – Joseph Anton Schneiderfranken* (1876–1943) sind *Gedanken mehr als die „Dinge" dieser Erde. Sie sind Kräfte, einzielige Bewußtheiten, erfüllt mit gierigem Lebenswillen, denen wir durch unser Denken Nahrung verschaffen*[5]). Gedankenkräfte wollen sich unbedingt auswirken. Dies gelingt ihnen, wie schon besprochen, auf dem autosuggestiven Weg: Trübe Gedanken voll Angst, Sorge, Kummer, Ärger, Haß, Neid, Pessimismus, fördern Mißlingen unserer Vorhaben und beeinträchtigen unser seelisches und körperliches Gleichgewicht. Erfreuliche Gedanken, Lob, Anerkennung, Bewunderung, Frohsinn, Zuversicht, Liebe, stärken Tatkraft und Mut und begünstigen gutes Gelingen. Welche Art von Gedanken wir auch immer in uns kreisen lassen: Sie werden, wenn wir sie tief empfinden, unsere Gestaltungskräfte anheizen. Ihre Früchte werden mit uns wachsen und gedeihen und werden sich im Guten wie im Bösen auf uns auswirken. Tief empfundene Gedanken nach üblen Nachrichten wirken „niederschmetternd", Angstgedanken „lähmend", Streßgedanken „verkrampfend", Schreckgedanken lassen „erstarren", Neidgedanken machen „erblassen" oder sogar „vor Neid gelb werden", Kummergedanken schlagen sich auf das Herz, ja führen zum „gebrochenen Herzen". Schreckgedanken können Schlaganfall, Herzinfarkt oder Magengeschwüre zur Folge haben, und ganz allgemein:

Kränkungen machen krank!

12.12.07 / bis 40 /

Ein guter Teil der Unzufriedenheit, des Unglücks und Krankheitselends vieler Erwachsener ist selbst verschuldet. Viel Betrübliches entspringt ihrem negativen und krankheitsbezogenem Denken; viel Unglückliches folgt ihren destruktiven Autosuggestionen, denen sie nicht Einhalt gebieten und von denen sie sich widerstandslos niederdrücken und beugen lassen. Die Gedankenkraft ist eine Macht, von der schon die Bibel sagt:

„*Der Gebeugte hat lauter böse Tage, der Wohlgemute hat allezeit Fest.*“ (Sprüche 15, 15)

Und *Bô Yin Râ* lehrt[6]):
„*Denke stets Armut und Not, und Armut und Not werden nicht auf sich warten lassen – fürchte stets irgendein Ungemach, und das Mißgeschick wird sich mit Sicherheit an Deine Fersen heften!*
Sieh aber in der trübsten Stunde Deine Sache noch immer nicht als verloren an und sie wird Dir niemals verloren sein, – Du wirst sicherlich in Bälde einen Ausweg finden!“

Ein Mensch, der ständig an seine eigenen Unzulänglichkeiten, Mißgeschicke und Krankheiten denkt, kann unmöglich lebensfroh, erfolgreich und gesund sein! Der Erfolgsmensch hingegen denkt und plant in aufbauenden Kategorien und setzt damit fortlaufend positive Autosuggestionen in Gang. Da jeder Gedanke, der uns erfüllt, mit aller Macht auf seine Verwirklichung drängt, zeigt sich hier das *Gesetz von Ursache und Wirkung:* Positive Gedanken bauen auf, stärken, heilen. Negative Gedanken setzen herab, machen schwach, elend und krank. *Man erntet, was man denkt!*

Das Gedankenleben des Menschen kennt keine echten Pausen. Es findet mehr oder weniger kontinuierlich statt. Wir können uns aber ebensogut erfreuliche wie unerfreuliche, positive wie negative und gute wie böse Gedanken machen. Dies liegt an uns! Waren wir bisher gewohnt, in allem zunächst das Ungünstige anzunehmen und zu bedenken, dann haben sich bereits negative Gedankengeleise tief eingefahren, haben sich negative Vorstellungen fest eingenistet und eingewurzelt. Um so notwendiger ist es dann,

wie auch *W. Heiber* empfiehlt[7]), seine destruktiven Gedanken wie Unkraut im Garten immer wieder, solange sie nachkommen, auszujäten. An ihrer Stelle sind aufbauende Gedanken wie wertvolle Blumen und Pflanzen großzuziehen, sorgsam zu hegen und zu pflegen.
Daß die autosuggestive Wirkung von Gedanken, Empfindungen und Ideen um so größer ist, je mehr wir an sie glauben, zeigt sich gerade auch in der Heilkunde.

Fall 3

Beamtin, 40, ließ sich wegen Magenbeschwerden röntgen. Bei Abholen des Befundes wurde ihr dringend geraten, sofort ihren Arzt aufzusuchen. Sie öffnete jedoch den verschlossenen Befund und erfuhr daraus, daß sich in ihrem Magen ein bereits männerfaustgroßer bösartiger Tumor befände. Da ihre Schwägerin vor einem Jahr wegen Darmkrebs operiert worden und bald darauf verstorben war, wollte sie sich auf keinen Fall operieren lassen. Sie verheimlichte den Befund. In Kürze nahm sie aber rapid an Gewicht ab, konnte fast nichts mehr essen, erbrach oft und verfiel zusehends. Da zwang sie ihr Gatte, den Verfasser aufzusuchen. Dieser untersuchte sie gründlichst. Da er nicht die geringste Spur von einem Tumor ertasten konnte, noch dazu von einem so großen, erklärte er der Patientin mit aller Bestimmtheit, daß sie keinen Krebs hätte. Sie brauche nur eine bestimmte milde Diät[3]) halten und werde wieder ganz gesund! Da faßte sie neuen Mut und stellte ihr Gedankenleben auf Gesundwerden um. Nach 2 Wochen hatte sie 2 Kilo, nach weiteren 2 Wochen wieder 2 Kilo an Gewicht zugenommen. Sie fühlte sich bereits weitgehend gesundet. Erst danach ließ sie sich zu einer Röntgenkontrolle überreden. Diese ergab einen völlig normalen Magen. Es hatte sich beim ersten Befund um eine unglückliche Verwechslung gehandelt! –

Folgerungen: Der Patientin erging es erst von dem Augenblick an wirklich schlecht, an dem sie erfuhr, daß sie krebskrank sei. Von nun an hatte sie nur mehr Gedanken an Krebs und Sterben. Ihr Unbewußtes wurde auf die Symptome von Magenkrebs pro-

grammiert und verwirklichte diese Autosuggestionen exakt mit Gewichtsverlust, Speisenunverträglichkeit, Erbrechen, Kräfteverfall usw. Als sie erfuhr, daß sie keinen Krebs hätte und daran glaubte (!), dachte sie nur mehr an Gesundung. Ihr Unbewußtes verwirklichte nun die neuen positiven Autosuggestionen in kürzester Zeit. Der Wille der Patientin zielte natürlich von Anfang an auf Gesundung, aber es geschah immer nur das, was sie dachte, oder genauer: Was sie durch ihre Autosuggestionen zur Verwirklichung brachte.
Dieses Beispiel zeigt die Auswirkungen der Lebensgesetze: Jeder Gedanke, an den wir glauben, drängt mit aller Macht auf seine Verwirklichung. Und: Es geschieht nicht das, was wir wollen, sondern nur das, was wir glauben!

Die Gedanken, die uns erfüllen, sind *Bausteine* unseres Lebens. Mit ihnen bauen wir an unserer Welt, an unserer Lebensgestaltung, an unserem Glück oder Unglück. Nehmen wir dagegen wahllos alles an, was sich uns aufdrängen will – und zeitweilig will sich unerhört viel an Üblem aufdrängen –, dann setzen sich schließlich bestimmte Gedanken in uns fest, nisten sich in uns ein und verfolgen uns überallhin. Solchen Zwangsgedanken können wir kaum mehr entfliehen, sie entwickeln sich zu unseren Quälgeistern und Dämonen oder machen uns zumindest ständig unzufrieden, mißmutig, depressiv. Später kommen noch die verschiedensten psychosomatischen Beschwerden dazu, die uns nicht mehr verlassen können, solange wir nicht grundsätzlich unsere Einstellungen und unser Gedankenleben neu ordnen.

Fall 4

Frau, 41, verheiratet, kam zur ärztlichen Beratung. Die Liste ihrer Beschwerden war fast endlos, der objektive Befund geringfügig. Als es gelang, einige Beschwerden zu beseitigen, wurden die Klagen über ganz neuartige Symptome nur um so stärker. Schließlich erklärte der Arzt, daß er nicht helfen könne, solange die Patientin „in der Produktion" bleibe. Erstaunt meinte sie, daß sie bei ihrer gesellschaftlichen Stellung doch in keiner

Produktion tätig sei. „Doch", erwiderte der Arzt, „Sie sind es, da Sie fortwährend neue Krankheitssymptome produzieren! Ihre innere Unerfülltheit und Unzufriedenheit schlagen sich in depressiven Gedanken nieder. Diese lassen Sie sich seelisch und körperlich übel fühlen und produzieren neue Beschwerden. So hören Sie andauernd in sich hinein, beobachten sich und lauern ängstlich auf neue Symptome. Und diese werden auch immer wieder kommen!" Zunächst reagierte die Patientin beleidigt, dann weinte sie heftig, gab alles zu und bat um Hilfe. Schließlich setzte sie sich mit Eifer mit der bewußten Autossuggestion auseinander, praktizierte sie schon bald erfolgreich und übernahm eine leitende karitative Funktion. Heute ist sie eine gesunde, liebenswürdige, Zuversicht ausstrahlende Dame, eine Persönlichkeit, die ihren Sorgenkindern auch aus eigener Erfahrung psychologisch zu helfen vermag.

Wer einmal die Auswirkungen seiner Gedankenkräfte auf sein Unbewußtes erkannt hat, der weiß, daß sein Gedankenleben nicht mehr „gedankenlos" vor sich gehen sollte und wird sich

Gedanken machen über seine Gedanken!

Die Ereignisse unserer Gegenwart sind vielfach Auswirkungen früherer Gedanken, so wie unsere Zukunft vielfach eine Folge gegenwärtiger Gedanken, Vorstellungen und Pläne ist. Statt an eine unabänderliche Vorausbestimmung unseres Schicksals zu glauben, sollten wir mehr daran denken, daß wir das ernten, was wir gesät haben. *Der Samen jeder Tat ist ein Gedanke. Wer seine Denkgewohnheiten positiv umstellt, der ändert auch sein Schicksal positiv.* Aber die Mehrzahl aller Menschen, die mit ihrem Schicksal hadern, gibt sich unbewußt und ahnungslos folgenträchtigen negativen Autosuggestionen hin. Für einen wesentlichen Teil ihrer Probleme, über die sie klagen, müßten sie sich bei ihren ungehemmten Gedanken bedanken. *Der Mensch sollte nie vergessen, daß er selbst der Denker und Gestalter seiner eigenen Welt ist, und, daß seine Gedanken, Worte und Taten von heute sein Leben von morgen maßgeblich bestimmen.*

7. Kapitel
Die Vorstellungen

Vorstellung schafft Wirklichkeit   Graf *Keyserling*

Nach Coué ist nicht der Wille, sondern die Imagination die erste leitende Macht im Menschen. Was ist Imagination?

Imagination in ihrer einfachsten Form ist alles, was man sich vorstellt und woran man außerdem besonders fest glaubt.
Mit anderen Worten:

Imagination ist ein eng zusammenwirkendes Paar von Vorstellungskraft und hochgespannter Glaubenskraft, das mit vereinten Kräften einem gemeinsamen Ziel entgegenstrebt. Als Kurzformel:

IMAGINATION = VORSTELLUNGSKRAFT + HOHE GLAUBENSKRAFT

Wer sich vorstellt und felsenfest daran glaubt, es werde ihm bald besser gehen, der betreibt Imagination. Er kann mit baldiger Besserung rechnen.

Wer sich hingegen diese Besserung vorstellt, aber daran nicht so recht glaubt, der wird weniger oder kaum Erfolg erleben.

Wer aber die Besserung allein durch Willensakte erzwingen will, der kann ganz sicher mit Mißerfolg rechnen. Dementsprechend lehrt auch *Coué:*

Bei Widerstreit zwischen Willen und Imagination siegt immer die letztere.

Denn: Die Imagination ist die erste leitende Macht im Menschen.

Wir kommen darauf zurück. Zunächst beschäftigen wir uns allein mit der *Vorstellungskraft.* Im Deutschen spricht man auch von *Einbildungskraft.* Es handelt sich um jene äußerst wichtige Gestaltungskraft, die Sinneseindrücke und andere innere Vorgänge,

Gedanken, Pläne usw. zu inneren Bildern formen und speichern kann. Und jedes dieser Bilder besitzt seine eigene Motorik und trachtet sich mit Hilfe des Unbewußten selbst zu verwirklichen. Es ist die konkrete Gestalt oder Bildhaftigkeit, an der es liegt, daß Vorstellungen (oder Einbildungen) dem Unbewußten besser übermittelt werden können als bildlose Impulse. In China sagt man daher:

Ein Bild ist mehr als tausend Worte.

Beispiel: Der *Gedanke* an Essen kann Appetit hervorrufen. Die *Vorstellung* eines Essens hingegen, plastisch im Detail ausgemalt, setzt bereits die Verdauungsorgane in Bewegung, läßt das Wasser im Munde zusammenrinnen und den Magen knurren. *Oder:* Ein erotischer *Gedanke* kann eine bestimmte Stimmung erzeugen. Eine erotische *Vorstellung* hingegen, plastisch im Detail ausgemalt, ruft wesentlich mehr Auswirkungen, mitunter ganze Kettenreaktionen hervor.
Die Gestaltungskräfte des Unbewußten nehmen die Form eines Vorstellungsbildes etwa so an, wie Wasser die Form eines Gefäßes annimmt, in das man es schüttet. Je konkreter, plastischer, detaillierter das Vorstellungsbild ist, das wir in uns schaffen, desto stärker wirkt die Autosuggestion, d.h., desto größer ist der Grad der Verwirklichung. Dazu müssen wir wissen:

Unsere Vorstellungskraft läßt sich gut lenken!

Der Mensch kann dank seiner Vorstellungskraft alle von ihm gewünschten Vorstellungen aus sich heraus frei gestalten. Es liegt an ihm selbst. Er kann sich ebenso Gutes wie Böses, Gelingen oder Mißlingen, Krankbleiben oder Gesundwerden vorstellen. Aber mit einem positiven Vorstellungsbild „im Herzen" ist er doppelt so stark, mit einem negativen hingegen doppelt so schwach. So ist es kein Wunder, daß Leute, die sich fest vorstellen, eine schwere Aufgabe gut zu meistern, unvergleichlich mehr Erfolg erzielen als andere, oft Befähigtere, denen diese Vorstellung fehlt. Wer sich einbildet, an einer Aufgabe zu versagen, der wird mit Sicherheit früher oder später daran scheitern. Wer sich vorstellt:

„ich bin traurig!“ kann nicht heiter sein; wer sich einbildet: „ich bin krank!“ oder „man kann mir nicht helfen!“, bleibt krank und Hilfe ist vergeblich. Genauso wirken alle anderen, allseits bekannten negativen Vorstellungen und Selbsteinreden: „ich kann nicht...“, „ich leide an...“, „ich fürchte, daß...“, „ich zweifle, ob...“, „ich vertrage nicht...“, weil diese Autosuggestionen das Bild des Mißlingens gestalten. Unzählige Menschen kommen nur deshalb nicht aus ihren körperlichen und seelischen Nöten heraus, weil sie ständig daran denken und sich vorstellen, daß ihnen nur wenig oder gar nicht zu helfen sei. Solange sie sich mit Vorstellungen „füttern“, daß ein Organ gestört sei, schlecht funktioniere, daß ihre Nerven schwach wären, daß ihre Zustände kaum mehr behebbar wären, solange werden sich diese Organe, Nerven, Zustände, dementsprechend verhalten. Es ist daher auch verkehrt, bei mißglückten ärztlichen Therapien, Kuren, Operationen, die Schuld immer allein bei dem Arzt zu suchen. Die eigenen Autosuggestionen zum Heilverlauf spielen stets eine wesentliche, mitentscheidende Rolle. Schon *Seneca* (* 60 n. Chr.) lehrte[8]):

„Hüte Dich, Dein Leiden selbst zu verschlimmern und Deine Lage durch Klagen und Jammern zu verschlechtern. Ein Schmerz ist leicht, solange Du ihn in Deiner *Einbildung* nicht hoch bewertest. Spreche Dir selber Mut zu...“

Christoph W. *Hufeland* (1762–1836), der große Arzt, wieder schrieb[8]):

„Niemand zweifelt, daß Menschen durch bloße *Einbildung* erkranken können. Ist es da nicht ebenso möglich und unendlich besser, sich einzubilden gesund zu sein?!...“
Und der Arzt und Philosoph *E. v. Feuchtersleben* (1806–1849) lehrte[8]):

„Immer sind es die in unserer Seele am stärksten gewordenen *Vorstellungsbilder*, die unser Glück ausmachen wie unser Elend. Sollte es nicht möglich sein, ihr Auf- und Niedertauchen in unsere Gewalt zu bekommen?!“ –

Fall 5

Notar, 48, litt seit 8 Jahren an Magengeschwüren. Der Chirurg riet zur sofortigen Operation. Es drohe Magendurchbruch mit Bauchfellentzündung. Als aber der Chirurg die mächtigen Krampfadern des Patienten sah, die schon oftmals schwer entzündet waren und einmal zur Lungenembolie geführt hatten, nahm er wegen Gefahr lebensbedrohlicher Komplikationen von der Operation Abstand. Darauf führte der Notar eine Darmregenerationskur nach F. X. MAYR durch[3]). Zu Beginn sagte ihm der Arzt, daß er nach einigen Kurtagen eine schmerzhafte aber harmlose Reaktion bekommen könne. Die Reaktion kam nicht, der Patient verlor schlagartig seine Beschwerden, fühlte sich besonders wohl. Aber eines nachts, unerwartet, traten Magenschmerzen auf. Statt zu denken: „Das ist die angekündigte harmlose Heilreaktion, nur verspätet", trat zunächst eine *„leise Einrede"* negativer Gedanken auf, gegen die er sich nicht wehrte (hierin liegt das schuldhafte Fehlverhalten, das alle weiteren Folgen zur Auslösung brachte!). Rasch vermehrten sich trübe Gedanken und wurden zu plastischen Autosuggestionen: „Die Kur hilft nicht..., es wird nur schlechter..., das Geschwür ist wieder aufgebrochen..., die Magensäure ätzt ein Loch..., bohrt sich in die Magenwand..., immer tiefer und tiefer..., jeden Augenblick kann der Durchbruch stattfinden..."
Er zitterte am ganzen Leib, kalter Schweiß trat auf die Stirn, er erbrach, tastete immer wieder seinen Bauch ab, ob nicht der Durchbruch schon stattgefunden hätte. Seine negativen Krankheitsvorstellungen brachten ihm eine Nacht des Elends und Jammers. Am nächsten Tag erschien er in der Ordination, graugrün im Gesicht, verfallen aussehend und bat um sofortige Überstellung zur Operation. Dem Arzt gelang es nur mit Geduld und Überzeugungskraft, ihm die Zusammenhänge zwischen seinen Krankheits*vorstellungen* und seinem Krankheits*befinden* zu erklären, weiters ihn zu veranlassen, konsequent und regelmäßig bewußte positive Autosuggestion zu betreiben und eiserne Selbstdisziplin mit seinen Gedanken und Vorstellungen zu üben. Als dies dem Patienten schließlich gut gelang, war in staunenswert kurzer Zeit das Geschwür bestmöglich narbig verheilt. Durch das überzeugende

Erlebnis der Macht seines Unbewußten und damit seiner eigenen Macht erstarkt, erklärte der Notar: ,,Ich bin ein neuer Mensch geworden!"

Fall 6

Handelsvertreter, 35, suchte den Arzt auf, reichte ihm stolz die Hand und sagte so, als wolle er gratulieren: ,,Sie sind der 50. Arzt, den ich wegen meines Leidens aufsuche!" Der Arzt ließ die Hand nicht mehr aus, schüttelte sie kräftig und antwortete: ,,Leben Sie wohl, gehen Sie gleich zum 51.!" Nach einigen Wochen kam der Patient wieder und bat in bescheidenster Form um Aufklärung, warum er als Privatpatient, ohne untersucht worden zu sein, wieder weggeschickt worden war. Die Antwort lautete: ,,Solange Sie Ihre Ärzte so kurzfristig wie Ihre Hemden wechseln, solange beweisen Sie, daß Sie selbst durch Ihre negativen Krankheitsvorstellungen den Erfolg jeder ärztlichen Therapie zunichte machen. Auch ich kann bei Ihnen nichts erreichen, solange Sie sich nicht selbst in Ihrer Einstellung geändert haben!" Das verstand der Kranke, studierte die ihm empfohlenen Schriften über bewußte Autosuggestion, führte alles konsequent durch und wurde schließlich mit Hilfe dieses Arztes von seinen Leiden befreit. Erst der *Wandel der Vorstellungen bewirkte einen Wandel des Gesundheitszustandes.*

8. Kapitel
Der Glaube

Wie Dein Glaube,
so sind Deine Kräfte. *Bô Yin Râ*[9])

Bekanntlich ist die Wirksamkeit von elektrischen Batterien um so größer, je stärker sie geladen sind. Auch die Wirksamkeit von Gedanken, Empfindungen, Vorstellungen und Worten hängt entscheidend von der Stärke ihrer Ladung ab. Geladen sind sie mit Gedanken-, Empfindungs- und Vorstellungskräften, und zum Teil, mehr oder minder stark, mit Glaubenskräften. Bei dem vieldeutigen Wort ,,Glaube" muß jedoch zunächst klargestellt sein, was hier darunter verstanden wird. Glaube kann bedeuten:

1. Glaube als Vermutung, als kraftlose Meinung ohne Wissen

Es ist eine ,,äußere" Form des Glaubens, eine Hirnkombination: ,,Ich glaube, daß es morgen schön wird!" Es weist auf eine Möglichkeit hin, die eintreffen *kann,* aber nicht *muß*: ,,Glauben heißt nichts wissen." Zu dieser Art gehört auch jedes schwächliche, saft- und kraftlose, labile Glauben, das heute anders sein kann als gestern und morgen; jenes schwankende oder laue, lahme, kleingläubige Vertrauen, welches wir besonders bei Personen finden, deren Vertrauen zu sich selbst unterentwickelt bis verkümmert ist. Typisch dafür sind viele Kranke, die nur wegen ihrer wankelmütigen, schwächlichen Glaubensart von einem Arzt zum andern pilgern (siehe Fall 6, Seite 48). Sie sind bereit, rasch an alles zu glauben und es ebenso rasch wieder zu verwerfen.

Da diese Form des Glaubens keine oder nur unwesentliche Kraftladung besitzt, ist sie praktisch wert- und wirkungslos. Von ihr ist im folgenden nicht mehr die Rede.

2. *Glaube als Vertrauen, Überzeugung*

Dieser Glaube zeigt sich bei jedem großen, felsenfesten Vertrauen an eine Person, Sache oder Idee. Er besteht, wenn man eisern an Gelingen oder Mißlingen, Aufstieg oder Niedergang, Gesundung oder Erkrankung glaubt; oder, wenn man von seinen wirtschaftlichen, politischen, religiösen „Glaubenssätzen" überzeugt und durchdrungen ist. So glaubt der echte Künstler zuinnerst an seine Sendung, der Idealist an seine Ideale, der Revolutionär an die Revolution usw.
Das Wesentliche bei diesem Glauben ist die Durchdringung der Gedanken mit den schöpferisch-gestaltenden Kräften des Glaubens. Je stärker diese Kräfte die Gedanken, Vorstellungen oder Worte durchdringen, oder mit anderen Worten: je stärker ein Mensch an das Gedachte oder Gesagte glaubt, desto stärker prägt sich dieses in das Unbewußte ein und desto mächtiger ist seine autosuggestive Wirkung. Der vertrauende Glaube an sich selbst fördert Standkraft, Durchschlagskraft, Ausdauer, Erfolg und Gesundheit.

N. V. Peale schreibt in seinem Buch „Die Kraft des positiven Denkens"[10]):

„Vertrauen wirkt Wunder! Mein Glaube an die Kraft des Vertrauens ist grenzenlos!"

Wer an sich selbst nicht glaubt, vermag aus sich heraus keine Glaubenskraft zu entwickeln. Erst die innere Umpolung von Unsicherheit, Zweifel, Schwäche, Mutlosigkeit und Minderwertigkeitsgefühlen zum kraftvollen Glauben an sich, eröffnet dem Menschen neue Lebensperspektiven. Daher kann man vielen raten:

„Glaube an Dich selber! Es ist die Voraussetzung jedes Erfolges!"

„Glaube an Deine eigenen, gottgegebenen Kräfte und Fähigkeiten! Jedes Gefühl der Minderwertigkeit schwächt Deine Kräfte! Jeder Zweifel an Dir lähmt Deine Tatkraft!"

„Übe Selbstvertrauen zu Dir! Gesundes Selbstvertrauen entfaltet die Eigenkräfte und entwickelt die persönliche Überzeugungsstärke!"

„Glauben läßt sich üben! Glauben zwingt die schöpferischen Kräfte zum Einsatz und führt zum glücklichen Gelingen hoher Pläne und Aufgaben!"

Man kann sich auch einprägen:

Ich kann – wenn ich glaube – daß ich kann!

Nur der gewinnt, der an den Sieg glaubt!

Innerer Wandel schafft äußere Wandlung!

Paracelsus lehrte[11]):

„Unser Glaube stellt ein Instrument dar, das dieselben Dienste leisten kann wie eine Waffe!"

Und auf die Heilkunde bezogen:

„Wie die Arznei zur Heilung und zur Tötung dienen kann, so steht es mit dem Glauben und seinen Wirkungen!"

„Der Glaube ist es, der die echten Wunder wirkt!"

Der Glaube als Überzeugungskraft hat schon unzähligen Menschen wunderbar geholfen. Durch ihn sind Werke und Leistungen von größter Bedeutung für die Menschheit entstanden, sind wertvollste Entdeckungen, Ideen und Ideologien zum Durchbruch gekommen, und wurden Frieden, Freundschaften und Fortschritte von historischem Rang begründet. In fragwürdiger oder mißbräuchlicher Verwendung hat die gleiche Kraft des Glaubens auch Millionen von Menschen auf die Barrikaden getrieben, Regierungen, Kaiser und Könige gestürzt, Revolutionen, Kriege und Glaubensverfolgungen verursacht.

3. *Glaube als hohe Imagination oder der dynamische Glaube*

Zu allem ist die Imagination im Stande *Paracelsus*

Zunächst sei wiederholt: Imagination ist das Gespann von zumindest zwei zusammenwirkenden inneren Kräften, die gemeinsam einem Ziel zustreben. Zu diesen beiden gehören in jedem Fall die Vorstellungs- und die hohe Glaubenskraft. Die Führung übernimmt dabei immer der Glaube. Je größer der Glaube, oder was dasselbe ist, je höher gespannt die Glaubenskraft, desto höher erweist sich die Verwirklichungskraft einer Imagination. Bei der höchsten Form der Imagination, beim sogenannten dynamischen Glauben, kommt bereits eine außergewöhnlich hohe Glaubensintensität zur Anwendung. Dank ihrer hohen Spannung besitzt sie die Macht, sämtliche im Menschen überhaupt verfügbare innere Energien zu mobilisieren und so einzusetzen, daß diese mit vereinten Kräften auf die Realisierung des Glaubensbildes hinarbeiten. Wie ein Magnet alle naheliegenden Eisenspäne zwingt, sich nach ihm auszurichten und seiner Bewegung zu folgen, so zwingt der dynamische Glaube mühelos alle aufbietbaren Innenkräfte zur Mitgestaltung seines Zielbildes. Daher wirken gerade alle schöpferisch-dynamischen Gestaltungskräfte mit, insbesondere die spirituellen Schaffens-, Liebes- und Willenskräfte. Sie streben mit geballter Wucht der Verwirklichung des erglaubten Bildes entgegen.

Der dynamische Glaube ist dasselbe wie „der Glaube, der Berge versetzen kann". Es ist die Gewalt, die den Glaubenden mit so großer Kraft und Sicherheit erfüllt, daß er mit staunenswertem „Eigensinn" und unerschütterlicher Beharrlichkeit „weiß", daß das, was er glaubt, auch tatsächlich eintreffen wird. *Bô Yin Râ* charakterisiert diesen Glauben als *„die hohe Kraft der Imagination, durch die der Mensch in seinem Inneren die Form seines Schicksals gestaltet..."*[12])

Das lateinische Wort „imago" heißt „Bild". Imagination bedeutet daher Ein-bildung, d.h. Hineinnehmen eines vorgestellten und erglaubten Bildes in das Innere zur Verwirklichung. Imagination ist somit Erglauben der Realisierung eines selbst gestalteten Bildes. *Paracelsus* vergleicht es mit dem Einsetzen eines Samenkorns, das sich schließlich zu materiell erfaßbarer Wirklichkeit auswächst[51]): *„Alles Imaginieren ist ein Samen, der materialisch wird."* Der dynamisch Glaubende ist mit einem Wanderer zu vergleichen, der bereits das Wanderziel vor Augen hat und in sich die Kraft und den Willen verspürt, es zu erwandern. Er glaubt daher mit aller Gewißheit, oder besser gesagt: er weiß, daß er dieses Ziel auch erreichen wird. *Dynamisches Glauben ist somit inneres Wissen um die Verwirklichung des Glaubensinhaltes.*

Dementsprechend sagt *Bô Yin Râ*[13]):

„Was du nicht glauben kannst, so wie du an dein eigenes Dasein glaubst, soll dir nicht – Glaube – heißen!——"

Wie jede andere Kraft kann auch die imaginative Glaubenskraft ebenso richtig wie verkehrt angewendet werden. Daher kann sie sowohl einen *Führer zum Fortschritt und zur Heilung* abgeben wie einen *Verführer zum Niederreißenden und Krankmachenden.* Von Natur aus gibt es sehr viele zur Imagination begabte Personen. Leider erglauben sie sich aber nicht nur aufbauende, sondern viel öfter – ungehemmt und unkontrolliert – auch sehr herabziehende Bilder: „Das bringt Unglück! Das ist Krebs! – Das gibt ein böses Ende!" usw.

Alle Bilder wirken um so stärker, je intensiver der Glaube an sie ist. Die Imagination kann so ein-drucks-voll werden, daß eine Befreiung von ihrem Druck nur mehr durch stärkste Gegenbilder oder gar nur mehr durch überzeugungsstarke, suggestiv wirkende dritte Personen möglich ist. Ansonsten wird der negativ Glaubende immer wehrloser gegen seine eigenen üblen Imaginationen, die sich ungehemmt dynamisch weiterzeugen. Sie werden zu Zwangsbildern oder fixen Bildern und fixen Ein-bildungen, die den Bildträger in ihren magischen Bann zwingen, dem er ganz verfallen kann.

Die Nerven- und Seelenärzte der ganzen Welt haben alltäglich mit solchen Leidenden zu tun.

Nach *Paracelsus*[51]) besitzt die Imagination als *„selbständiger Künstler das Können und alle Werkzeuge zu allem, was sie ausführen will"*. Die Imaginationsgewalt (vis imaginativa) sei auch deshalb so groß, weil sich im Menschen mehrere erglaubte Bilder untereinander „magisch kopulieren und schwängern" könnten, so daß daraus je nach Art ihrer „Eltern" immer wieder neue Bildgeburten oder im Falle herabziehender Bilder: „Ausgeburten" entstünden.

Mancher Leser kann dies vielleicht aus eigener Erfahrung bestätigen. Wer einmal sehr tief in eine seelische Not geraten war, der entsinnt sich wohl an eine Flut ihn bedrängender, ängstigender, bedrückender Bilder. Alles sah auswegslos, hoffnungslos, zum Verzweifeln aus. Und so mancher konnte sich da kaum oder nicht mehr gegen die immer neuen Brandungswellen sich vermehrender(!) Leidens- oder Schreckensbilder zur Wehr setzen. Dann wurde er vielleicht noch von seinen dämonischen Bildern in Versuchung geführt alles aufzugeben und sich, wenn auch zunächst nur in Gedanken, mit dem „letzten und einzigen wirklichen Ausweg" vertraut zu machen: Mit der Flucht in einen finsteren Abgrund, in dem man dann alles, auch das heimtückischste Leid, endgültig vergessen könnte. Unzählige kamen so schon in ärgste Lebensgefahr, aus der sie sich, wenn es überhaupt gelang, nur mehr mit letzter Kraft befreien konnten. –

Wie groß auch immer die Macht der selbst geschaffenen, selbst herbeigerufenen negativen Imaginationen sein mag: ebenso groß, aber hilfreich und heilsam ist die Gewalt der selbst gestalteten positiven Glaubenswirkungen. Letztere lassen sich sogar durch eine eigene hohe Kunst, die *„Kunst der Imagination"*, die man üben und erlernen kann, die man auch als die höchste Form bewußter Autosuggestion bezeichnen kann, weiter vermehren und verstärken. (Darüber mehr im 2. Teil, sowie besonders in der praktischen Ergänzungsschrift dieses Buches, deren 10. Anleitung dieser Kunst gewidmet ist.*)

*) *Rauch, E.:* Anleitung zur Autosuggestion. 10 Selbsthilfe-Übungen. Karl F. Haug Verlag. Heidelberg 1989.[52])

Wer seine Selbstbeeinflussungen immer besser in Kontrolle bekommt und gleichzeitig lernt, sich selbst positiv zu suggerieren, der vermeidet schon bald instinktiv unglückliche Bildgestaltungen und entwickelt allmählich die glückbringende Fähigkeit des positiven Erglaubens. Dies gilt auch in Richtung Gesundheit.

Das Geheimnis vieler großartiger Heilungen und „Wunderheilungen", auch bei unzähligen völlig aufgegebenen Kranken, besteht immer darin, daß es hierbei gelang, wodurch auch immer, den dynamischen Glauben an Heilung im Kranken zu erwecken: ...„den Glauben, der da Wille zur Gesundung ist und das Bild der wiederzuerlangenden Gesundheit anstelle des Bildes der Krankheit setzt."... [12]).

Das „Wunder" einer solchen Heilung verläuft stets in gleicher Abfolge:

Der Kranke trägt in sich ein verhängnisvolles, hoffnungsloses Krankheitsbild. Dieses lähmt seinen inneren Arzt. Es sieht aussichtslos aus. Nun wird durch irgendein tief beeindruckendes Ereignis, eine große Arztpersönlichkeit, ein religiöses Erlebnis, eine Wallfahrt usw., der dynamische Glaube an Wiedergesundung im Kranken wachgerufen. Dieser Glaube vertreibt das Krankheitsbild und richtet an dessen Stelle ein Gesundheitsbild auf. Der Kranke *glaubt* – oder besser: *weiß* – jetzt: *„So werde ich!"* Damit sind schlagartig, mit dynamischer Wucht, alle inneren Heilkräfte entfesselt, alle sonstigen körperlichen und seelisch-geistigen Kräfte aufgeboten und die Heilvorgänge bis zum Höchstmaß aller menschlichen Möglichkeit in Gang gesetzt. Es kommt zu den oft nicht mehr für möglich gehaltenen „Wunderheilungen". Das „Wunder" aber bestand im *„Austausch der inneren Bilder"*.

In allen diesen Fällen wird die Kraft der Imagination durch ein tief beeindruckendes Zentralerlebnis wachgerufen, für das der Mensch gerade in ärgster Not besonders empfänglich ist:

„Wo die Not am größten, ist Gott am nächsten!"

Ansonsten läßt sich die Fähigkeit zum dynamischen Glauben wohl mehr durch jahrelange Selbstschulung mit Beherrschung seines Gedankenlebens und mit der Selbstentfaltung seiner höheren inneren Kräfte entwickeln. Dann allerdings gilt das Wort von *Bô Yin Râ*[14]):

„Dein Glaube ist das Modell, nach dem das flüssige Erz deines Schicksals sich formt."

Aus diesen Zusammenhängen ist es verständlich, daß alle heiligen Bücher der Menschheit die enorme Bedeutung des Glaubens lehren. Dabei sprechen sie nicht etwa vom Glauben an irgendeine Institution, Zeremonie, rituelle Handlung oder an irgendein Glaubensprogramm, sondern sie verheißen dem, der sich die Fähigkeit erwirbt, richtig glauben zu können, Seligkeit und große Hilfe, auch für den Bereich des irdischen Lebens. In der Bhagavad Gita heißt es[15]):

„Wenn er in festem Glauben strebt... dann wird zuteil ihm was er wünscht!"

Wenn die Bibel die Macht des Glaubens beschreibt, der sogar Berge versetzen kann, dann bedeutet dies auch, daß der Glaube nicht nur jenseitig-religiöse, sondern ebenso ganz handfeste irdisch-materielle Dinge beeinflussen und in Bewegung zu setzen vermag. Dazu gehört im besonderen die Heilung von Krankheiten. Die außergewöhnliche Persönlichkeit von *Jesus* erweckt im Kranken dessen dynamischen Glauben an seine Heilung. Danach spricht *Jesus* zum Geheilten:

„Dein Glaube hat dir geholfen!" (Lukas 7)

Immer wieder lehrt die Bibel:

„So ihr Glauben habt... wird euch nichts unmöglich sein!" (Matthäus 17, 21)

„Wenn du glauben könntest! Alles ist möglich, dem der glaubt!" (Markus 9, 23)

„Euch geschehe nach eurem Glauben!" (Matthäus 9, 29)

All dies gilt, so wie damals, auch heute:

Fall 7
Geschäftsfrau, 55, verlor im letzten Kriegsjahr Gatten und Sohn. Da erkrankte sie schwer. Bei einer Bauchoperation wurde Leberkrebs festgestellt. In hoffnungslosem Zustand nach Hause entlassen, übernahm eine Nachbarin die Pflege bis zu ihrem voraussichtlich baldigen Ende. Da kam plötzlich der totgemeldete Sohn aus russischer Kriegsgefangenschaft heim, schwerkrank und halb verhungert. Die auf das Sterben eingestellte, jetzt aber ihres dürftigen Lebens wieder frohe Mutter, *glaubte* nun an sich und ihr Schicksal, *glaubte mit dynamischer Kraft* an ihre Gesundung, um ihren Sohn retten zu können. (Der Austausch des inneren Bildes vom baldigen Sterben zum Gesunden trat ein!) Die Frau pflegte den Sohn durch Monate und wurde dabei selbst allmählich kräftiger. Nach zwei Jahren war sie voll arbeitsfähig und nahm ihren Beruf wieder auf. Eine genaue Untersuchung konnte keinen Hinweis mehr auf Krebserkrankung aufdecken! Ihr Glaube hat ihr geholfen!

9. Kapitel
Die 3 Todsünden gegen den inneren Arzt

Alles Leid ist nur in seiner Macht,
solange du es hegst und willig seine
Herrschaft anerkennst. *Bô Yin Râ*[16])

1. Todsünde: Negatives Denken und Sprechen

Zwei Dinge trüben sich beim Kranken,
a) der Urin,
b) die Gedanken. *Eugen Roth*[17])

Die trüben Gedanken beginnen oft mit sorgenvollen Fragen über die Natur der Beschwerden, und was alles dahinterstecken könnte. Dazu kommen vielleicht noch Mißtrauen zur Therapie, Zweifel an der Gesundung und Grübeln über die eigenen Leiden. Man kann sich auch alle möglichen Komplikationen autosuggestiv ausmalen, klagen, jammern, sich selbst bemitleiden, sich in sein Unglück hineinsteigern, sich gehen lassen oder mit anderen dunklen Gedanken wiederholt sein Gemüt verdüstern. Wer dies liest, wird sich vielleicht sagen: so etwas mache *ich* nie! In Wirklichkeit belastet sich aber die überwiegende Mehrzahl aller Zivilisationsmenschen von Zeit zu Zeit mit einer oder mehrerer dieser negativen Autosuggestionen übermäßig stark. Man bedenke auch, wie oft wir uns gedanklich an unliebsame oder schreckliche Erlebnisse klammern und sie ,,wiederkauen"; oder wie sehr wir betrübliche oder kränkende, deprimierende, haßerfüllte, neidische, verachtende, rachelüsterne Gedanken und Empfindungen in uns anheizen; oder wie fest wir an unseren Schwächen und Gebrechen haften, sie minutiös auskosten und es nicht unterlassen können, davon anderen zu erzählen, *ohne zu begreifen, daß sie es nicht hören wollen und oft schon nicht mehr hören können!* Man erinnere sich auch, wie gerne wir uns selbst bemitleiden und mit unserem bösen Schicksal hadern. Nach *W. Lindenberg*[18]) haben wir uns im Laufe zahlreicher trübseliger Jahre mit einer Kruste von häßlichen „Schwefelkristallen", gesponnen aus grauen Gedanken, umgeben. Wir warten unbewußt auf den Prinzen aus dem Märchenland, der sich über uns beugen und uns von dieser erstickenden Kruste befreien kann. Aber was vermöchte er gegen jene Gedanken, daß Menschen uns nicht leiden können oder uns Böses antun wollen oder, daß man hinter dem Rücken über uns klatscht, daß man uns Fallen stellt, daß man uns unsere Stellung, unseren Ruf, unseren Besitz entreißen möchte, oder, daß unsere Gesundheit mit den Jahren nur mehr schlechter und schlechter wird. Die böse Hexe aus dem Märchen, die jene Gedankenfäden der Trübsal und Verzweiflung, der Verdächtigung und des Schwarzsehens in uns spinnt, die füttern wir selbst durch unser Denken so groß und mächtig. Wir allein tragen die Verantwortung für unsere niederdrückenden Autosuggestionen, weil wir sie in uns groß werden lassen, anstatt sie „auszuhungern", zu ignorieren und durch positive Gedanken zu ersetzen. Wir machen es den negativen Empfindungen, Eindrücken, Ideen viel zu leicht. Wir gestatten ihnen, vielfach unkontrolliert in uns ihre Netze zu spinnen und sich in uns häuslich niederzulassen. Vielen verschafft auch das Verbreiten und Bereden ihrer Leiden den masochistischen Genuß der Selbstbemitleidung. Und anderen macht es klammheimliche Freude, wenn sie mit ihren Klagen ihre Angehörigen und Freunde quälen können. So erzeugen sie in ihnen ein schlechtes Gewissen, man hätte sich nicht genug um sie gekümmert, hätte sie nicht genügend geliebt und sie vernachlässigt. Aber jede Produktion leidvoller Äußerungen verstärkt nur die Macht des Negativen über uns und erschwert uns die Befreiung aus der Umklammerung von Leid und Leiden.

Bewußte Autosuggestion betreiben heißt unter anderem, sich zu erziehen, weder über körperliche noch über seelische, wirtschaftliche, familiäre, berufliche, zwischenmenschliche Leiden und Probleme zu klagen. Je mehr wir uns, worüber auch immer, klagend verbreiten, je mehr wir uns hineinsteigern, uns verbittern lassen, desto mehr erfüllen wir uns mit negativen Kräften, die uns nur tiefer hinunterziehen und uns behindern, günstige Lösungen zu schaffen. Jeder haß- oder neiderfüllte Gedanke und jedes klägliche, krankheitsbezogene Wort wirken als schädliche Autosuggestionen auf uns zurück. Sie sind nichts anderes als „geistige Gifte"! Die hilfreichen Mächte hingegen stehen stets hinter den Fröhlichen und Vertrauenden!

Ein Patient kommt vom Arzt und denkt: „Pulver hat er mir verschrieben, sonst nichts. Ob das wohl nützt? Pulver schaden oft mehr als sie helfen. Mein Leiden ist aber vielleicht nicht ungefährlich. Also werde ich die Mittel nehmen. Sobald ich aber eine ungute Nebenwirkung verspüre, höre ich auf!" Solche Autosuggestionen lassen sich langfristig weiterspinnen. Sie schüren Mißtrauen zur Therapie und die Erwartungseinstellung auf Mißerfolg. Die Behandlung wird letztlich erfolglos bleiben.

Ein anderer wieder denkt: „Jetzt habe ich schon so viel gegen meine Beschwerden unternommen, aber es geht mir nicht besser. Ob ich das Leiden noch verliere? Ob überhaupt die Diagnose stimmt? Vielleicht habe ich etwas ganz anderes? Soll ich mich nicht lieber darauf einstellen, nie wieder gesund zu werden? Dann mache ich mir wenigstens nichts vor, woran ich bin... Bin ich überhaupt beim richtigen Arzt? Erhalte ich eine falsche Therapie?..." Sehr oft stimmen aber Arzt und Therapie, nur die Einstellungen und Selbstbeeinflussungen des Patienten sind falsch. Falsch schon von Anfang an. Statt seine Fragen und Sorgen offen mit dem Arzt zu besprechen, und statt zu bedenken, daß viele Leiden zu ihrer Entstehung Jahre benötigen und daher auch für ihre Rückbildung etliche Zeit beanspruchen, nehmen viele die vielleicht schon erzielten Teilverbesserungen undankbarerweise kaum zur Kenntnis und steigern sich in eine zunehmend ungeduldige, zweifelnde, mißtrauische, unzufriedene Haltung hinein. Ihre Worte: „das hilft auch nichts... es wird eher schlechter als besser... es ist alles sinnlos..." usw. sind klassische negative Autosuggestionen. Sie untergraben die Wirkung *jeder* Therapie, und niemand braucht sich zu wundern, wenn das Leiden chronisch wird und sich verschlechtert. Ähnlich ungünstig wirkt auch alles *unnötige* „sachliche" Reden über Krankheiten, Operationen, Behandlungen oder über das Lieblingsthema: eigene Krankheitsgeschichte. Im Fernen Osten galt es zu Recht als ärgste Taktlosigkeit, vor anderen über seine Leiden ein Wort zu verlieren. Bei uns ist es hingegen erschütternd, mit welcher Ausdauer und nicht selten Aufdringlichkeit, viele Leute sich über ihre Leiden in aller Öffentlichkeit verbreiten. Viele sind geradezu von einer Sucht befallen, sich unaufhörlich mit ihrem Elend zu beschäftigen, es zu analysieren und weiter zu erzählen. Für diese Kranken mag das Wort von *Wilhelm v. Humboldt* zutreffen:

„Es wird eine Zeit kommen, wo es als Schande gilt, krank zu sein, wo man Krankheit als Wirkung verkehrter Gedanken wertet."

Übel wirkt sich auch die Neigung oder Sucht vieler Menschen zur *Selbstbeobachtung* aus. Wer sich in ärztlicher Kontrolle befindet, der sollte sich, wenn er nicht ausdrücklich andere Weisung erhalten hat, überhaupt nicht selbst beobachten. Professor *Brauchle* schreibt zu Recht[35]):

Selbstbeobachtung macht im Falle der nervös-seelischen Erkrankung die Genesung unmöglich!

Man lauere daher nicht auf etwaige Beschwerden und Symptome, ob, wann, wo, wie oft und wie stark sie wiederkehren. Man zähle weder den Puls, noch horche man in sich hinein oder registriere ängstlich seine vegetativen Verrichtungen! Im Gegensatz dazu baue man sich auf! Neben der Zentralformel von *Coué* mag man sich vielleicht sagen: „Von nun an ist mein Denken zuversichtlich! Ich gehe voll Vertrauen und Kraft in eine bessere Zukunft! Ich weiß, daß ich es schaffen werde!" Dazu kann man sich ergänzend ein erfreuliches Zukunftsbild ausmalen (siehe 14. Kapitel: Bewußte Zielbildgestaltung!). Sollte man aber im Laufe des Tages oder der Nacht irgendwelche körperlichen oder seelischen Belastungen verspüren, versichere man sich sogleich, daß man ihnen gewiß keinen Vorschub leisten und sie bald zum Verschwinden bringen

werde (s. II. Teil, Die Weg-Suggestion sowie: Autosuggestive Selbstansprachen).
Wenn man aber bestimmte Symptome nicht übersehen kann, etwa geschwollene Gelenke, dann sollte man sich sagen: ,,Gelenke sind geschwollen, *aber* das geht vorüber, kommt sicher bald in Ordnung!" Mit diesem positiven Nachsatz, der eine bewußte positive Autosuggestion darstellt, wird die ungünstige Information ,,Gelenke geschwollen!" entwertet und dem inneren Arzt noch ein kräftiger Heilimpuls gegeben. Daß jeder Kranke den Arzt aufsuchen soll und diesen nicht durch Autosuggestionen ersetzen kann, wurde bereits eindringlich betont!
Selbstbeobachtung regt die Gedanken an, sich mit dem Leiden und seinen Komplikationsmöglichkeiten zu beschäftigen. Die Folge ist bekannt: Gedanken, die um eine Krankheit und ihre Symptome kreisen, programmieren das Unbewußte, die ,,bedachten" Symptome und ,,bedachten" Gefahren zu verwirklichen. Selbstbeoachtung betreiben heißt daher, seinen Zustand unnötig belasten und sich negativ beeinflussen. Der Arzt und Dichter Freiherr *E. v. Feuchtersleben* sagte daher[8]):

,,Hypochondrie ist nicht bloß, sich ein Leiden, das man nicht hat, einzubilden, sondern Leiden, die man hat, aufmerksam zu beschauen!"

Konsequenz: Man freue sich bewußt und dankbar über alle Gesundheitsverbesserungen und hungere gedanklich seine Symptome aus. Daher antworte man auch auf die Frage, wie es einem ergehe, ausnahmslos mit einem zuversichtlichen kräftigen *,,Danke, immer besser!"* oder *,,Danke gut!"*, mit der festen Einstellung, mit der bewußten Autosuggestion, daß es zumindest schon bald so sein werde! Mit keinem Menschen spreche man über Krankheiten im allgemeinen, und schon gar nicht über die eigenen, ausgenommen mit dem allein dafür zuständigen Arzt!

Wie auch bei bewährten Therapien die Einflüsterungen negativer Gedanken den Erfolg verhindern, zeigt folgender Fall:

Fall 8
Arzneimittelhersteller, 50, wird dem Verfasser auf Empfehlung mehrerer Ärzte zugewiesen. Der Patient sei sehr schwierig und brauche viel Geduld und Strenge, da er stets seine eigenen Ideen hätte. Vor der Untersuchung erklärte der Mann, er bitte um nichts als um volle Wahrheit. Er wisse bereits, daß es kaum mehr Hilfe für ihn gäbe. Aber die Untersuchung brachte nur einen harmlosen, unter üblichen Umständen gut ausheilbaren Befund zutage. Als dies der Patient erfuhr, weinte er und bat eindringlich, ihm kein Theater vorzumachen. Schließlich sei er selbst in der medizinischen Branche und wisse Bescheid, er könne nicht mehr lange leben. Da erklärte ihm der Verfasser, daß er schon eine große Anzahl solcher Leiden, wie sie der Patient habe, völlig auskuriert hätte. Der Mann möge ihm nur vertrauen und seine negativen Gedanken und Einstellungen über Bord werfen. Dies wirkte. Aber nicht lange. Schon am nächsten Tag kam der Mann wieder und bat um kollegiale Diskussion über sein „schweres Leiden" und um Aufklärung, warum dabei „bloße" diätetische Maßnahmen etwas helfen sollten. Der Verfasser ging aber darauf nicht ein, erklärte dem Patienten, daß er sich jetzt nur als Patient und nicht als Diskussionspartner verhalten dürfe, und daß er als Patient im derzeitigen Stadium über seine Störungen weder diskutieren noch grübeln dürfe. Die Zeit sei dafür noch nicht gekommen. Er möge sich zunächst vielmehr vor Augen halten, daß er völlig auskuriert werden könne. Dafür lägen reichlich praktische Erfahrungen vor. Am nächsten Tag war der Patient abgereist. Er hinterließ ein Schreiben mit dem Inhalt, er sei bitter enttäuscht, daß sich der Verfasser davor gedrückt hätte, mit ihm eine erschöpfende akademische Diskussion über sein schweres Leiden abzuhalten.
Nach vier Jahren war zu erfahren, daß der Mann noch immer krank war, obzwar sein Leiden bei rechter Einstellung restlos auszuheilen gewesen wäre. Da der Mann aber weiterhin an seine vorwiegend selbstproduzierten Krankheitsvorstellungen felsenfest glaubt (Fehlprogrammierung des inneren Arztes!), konnte ihm bislang noch niemand helfen.

Das Grübeln, Reden und Klagen über Leiden ergreift nicht nur den ,,Verursacher", sondern erfaßt auch zwangsläufig jeden seelisch teilnehmenden, mitleidvollen Zuhörer. Negative Aussendungen wirken sich auch auf andere Menschen aus, gar wenn diese einem ihnen unbekannten, scheinbaren oder echten Leid mehr oder weniger hilflos gegenüberstehen. Sie wissen ihm nichts entgegenzusetzen und sind ihm daher auch innerlich nicht gewachsen. Sie werden gezwungen, das Leid, das ihnen gegenüber oft noch gewaltig übertrieben und dramatisiert wird, innerlich zu verarbeiten. Sie müssen mit-leiden und werden oft unnötig in Sorge, Furcht und Leid getrieben. Dazu sagt *Bô Yin Râ*[6]):

,,Denkst Du in Harmonien, so wirst Du in Anderen Harmonien zum Erklingen bringen, doch denkst Du Verderben und Chaos, so wirst Du auch in Anderen Verderben und Chaos bewirken.–

Du kannst Dich selbst nicht gesund erhalten, ohne stete, kontinuierlich festgehaltene Gedanken voll Gesundheit, Schönheit und Kraft, und Du wirst auf andere wie ein Seuchenherd wirken durch Deine Gedanken, wenn Du, in Deinen Gebresten seelisch wühlend, nichts als Krankheit und Siechtum zu denken weißt."

Auch daraus geht eindringlich die unglaublich weitreichende Auswirkung unseres Gedankenlebens auf uns und andere hervor. Wer daher will, daß seine Mitmenschen über ihn nur gut denken, sprechen und urteilen, der muß sich seinerseits ebenso verhalten. Schon die Bibel lehrt:

,,Alles nun, was ihr wollt, daß euch die Menschen tun, sollt ebenso auch ihr ihnen tun." (Matthäus 7, 12)

Demnach empfiehlt es sich im eigenen Interesse, nicht nur seine vielleicht scharfe Zunge zu hüten, sondern auch den leidvollen oder ätzenden Gedanken, der ,,geistiges Gift" auf seine Mitmenschen versprüht! Man präge sich ein:

Alle gefühlsstarken Gedanken wirken in die Welt!

So ist es von allgemeinem Wert, seine Gedanken und auch die Einstellung zu sich selbst in den Griff zu bekommen und durch selbstbejahende Suggestionen aufzubauen. Sich selbst sollte man als seinen nächsten und besten Partner, als lieben und guten Freund empfinden, sorgsam behandeln, anregen und fördern. Ohne Selbstbejahung und Selbstvertrauen kann überhaupt nichts glücken! Gutes Zureden hilft, auch im Selbstgespräch! Das Unbewußte schläft nicht! Auch nicht in der Nacht, wo es vielleicht unseren Zuspruch schon aufgegriffen und an seiner Verwirklichung arbeitet. Wie viele Kranke verschulden ihren schlechten Zustand nicht selbst durch ihr ungehemmtes Schlechtdenken und Schlechtreden, auch über sich selbst, womit sie sich neue üble Imaginationen mit ihren verhängnisvollen Folgen einwirtschaften. Man beachte den negativen Bilderreichtum einer solchen Leidenden, wie er geradezu klassisch im folgenden wörtlich wiedergegebenen Brief zum Ausdruck kommt:

Fall 9

...„Ich weiß, daß ich nur noch ein Nervenbündel bin, daß meine Nerven völlig kaputt sind, und daß ich mit dem Leben nicht mehr fertig werde. Mein Mann, mit dem ich 11 Jahre verheiratet war, verstarb vor drei Jahren. Ich kann mit diesem schwersten aller Schicksalsschläge nicht fertig werden. In meinem Inneren toben Kämpfe, weil ich dieses Schicksal, das mir meinen lieben Mann weggenommen hat, nicht annehmen kann. So sehr ich mich auch bemühe und an mir arbeite, um mich damit auszusöhnen, es gelingt mir nicht. Hinzu kommt, daß ich, weil ich jetzt ganz alleine bin, große Lebensangst habe. Mein Mann hatte mich behütet und beschützt und nun, da ich dieses Schutzes beraubt bin, habe ich jeglichen Lebensinhalt verloren und bin vollkommen kraftlos. Ich fühle mich wie ein Blatt im Winde, das allen Unbillen ausgesetzt ist. ... nun nehme ich schon seit 9 Jahren ununterbrochen Psychopharmaka und abends ein Beruhigungsmittel, ohne das ich überhaupt nicht schlafen kann... Sehr verehrter Herr Doktor, können Sie mir helfen?..."

In diesem Brief gibt die Schreiberin dem Tode ihres Mannes und somit dem Schicksal die Hauptschuld ihrer Schwierigkeiten.

In Wirklichkeit hatte sie diese schon zu Lebzeiten ihres Gatten, sonst hätte sie nicht schon damals ständig Psychopharmaka eingenommen! Hier liegt eine langjährige schwere Fehleinstellung zum Leben vor, mit den daraus folgenden unbewußten verhängnisvollen Selbstbeeinflussungen. Im II.Teil dieses Buches wird auf die autosuggestiven Hilfsmöglichkeiten bei solchen Fällen hingewiesen. Der Arzt vermag hier nicht direkt zu helfen; er kann aber Wege aufzeigen. Gehen kann sie immer nur der Leidende selbst! Je länger er seinen Organismus mit massiv wirkenden Drogen belastet, je stärker er damit die Regulationsfähigkeit des inneren Arztes behindert, und vor allem: je mehr er sich in sein Leid hineinsteigert, desto schwieriger und desto not-wendiger ist eine innere Umkehr und Neu-Orientierung. Der bekannte *Coué*-Schüler *Fritz Lambert* schreibt in seinem empfehlenswerten Buch „Autosuggestive Krankheitsbekämpfung“[19]):

„Je mehr ich mich von meinem Leid verbittern lasse, um so weniger haben meine Autosuggestionen Aussicht auf Erfolg. Dann ist ja der Glaube an mein Leid so stark, daß es schwer hält, ihn durch Glauben an Heilung zu ersetzen...“

Es gibt nur eine Möglichkeit, mit schwerem Schicksal fertigzuwerden: Man muß es annehmen und das Beste daraus machen, wie schwer es auch fallen mag. Das Leben geht weiter. Nie soll man sich am Bisherigen festklammern, sich bedauern, sich immer nur auf das Verflossene fixieren. Man muß sich an die neue, an die geänderte Situation anpassen. Dazu muß man allerdings auch sich selbst etwas ändern. Alles ändert sich um einen Menschen: seine Zukunft, seine Mitarbeiter, seine Freunde und seine Gesundheit, wenn man sich selber ändert. Die Worte von *Bô Yin Râ* lassen aufhorchen[16]):

„Das Schicksal will etwas von dir, sobald es dich durch Leid und Leiden führt!“

Dies ist eine Aufforderung zu einer inneren Änderung, Neuordnung, Vertiefung, welche den Anfang zu einem bewußteren, besseren, vielleicht segenserfüllteren Leben darstellen kann. Neues Licht

kann alte Finsternis vertreiben! Man muß nur an sich, an seine Möglichkeiten und an seine Zukunft glauben! An den Wolken am Himmel kann der Mensch nichts verändern. Aber er hat die Macht, den Wolken über seinem Gemüte zu gebieten.
Rückert schrieb mit Recht:

Schlägt dir die Hoffnung fehl, nie fehle dir das Hoffen!
Ein Tor ist zugetan – doch tausend sind noch offen!

2. Todsünde: Die Angst

Es gibt mehr Opfer der Angst in der Welt,
als je eine Seuche an Menschenopfern für sich verlangte. *Bô Yin Râ*[12])

Der größte Feind des Menschen heißt Angst. Angst ist Glaube an Unheil. Da der Glaube die stärkste gestaltende Kraft ist, zaubert der angsterfüllte Glaube in uns die unangenehmsten, erschreckendsten Bilder hervor, die das Unbewußte dann verwirklichen will. Daher treffen so oft – auch abstruse – Befürchtungen tatsächlich ein.
Viele leiden bewußt, viele unbewußt unter Angst. Angst vor einer ungewissen Zukunft, Angst vor politischen Veränderungen, Angst vor einem Krieg, Angst vor Krankheit, vor dem Verlust von geliebten Menschen, Angst vor dem Alter, vor dem Tode. Schon die versteckte und noch mehr die offene Angst schlagen sich auf das Unbewußte nieder, behindern klares nüchternes Denken, verzerren alle Dimensionen, führen zu Täuschungen, hemmen bis lähmen bestimmte Funktionen und führen zu ungünstigen bis panischen Reaktionen.
Ein Vorläufer der Angst ist die *Sorge.* Berechtigte und wohlbegrenzte Sorge vermag üblen Ereignissen vorzubeugen und vor leichtsinnigen Handlungen zu bewahren. Viele übertreiben aber ihre Sorge, was meist auf Mangel an Zuversicht, Selbstvertrauen und Lebensmut zurückzuführen ist. Die übertriebene Sorge erregt sehr leicht unsere Phantasie, gaukelt beängstigende Bilder hervor, steigert sich damit zur *Angst* und wird mit Hilfe unserer falsch gepolten Glaubenskraft zu einer Unheil anziehenden Kraft. Angst

empfinden wir etwa so, als würde uns jemand die Hände um den Hals legen und immer wieder zudrücken, wobei wir schon beim nächsten Mal erwürgt zu werden glauben.

Anstelle der Magie der Angst braucht der Mensch die Magie der Zuversicht. Dies gilt besonders für den Kranken! Sobald wir erkranken, körperlich oder seelisch, erfaßt uns zunächst die Sorge. Wenn wir nicht genügend stark und zuversichtlich bleiben, folgt ihr die Angst mit ihren erschreckenden Bildern von Gefahren, Komplikationen und Ungewißheiten. Dank der Gestaltungskraft unseres Unbewußten verschlechtern sie schlagartig unseren Zustand! Daher ist ein Leiden oft lange nicht so schlimm und der Körper des Kranken zunächst oft lange nicht so krank wie seine Gedanken und Vorstellungen. Unzählige Patienten benötigen viel weniger die von ihnen massenweise konsumierten chemisch-pharmazeutischen Präparate, als vielmehr echte Hilfe zum Aufbau einer zuversichtlichen Einstellung. Sie brauchen Hilfe, ihre Zauberbilder der Angst: Bedrohung, Ungewißheit, Krankheit, Komplikationen und Not auszutauschen und durch Bilder der Hoffnung und Zuversicht: rasche Genesung, gute Zukunft, Liebe, Wärme, Kraft und Segen zu ersetzen.

Viel mehr Menschen als wir ahnen leiden an bösen Krankheiten und Mißgeschicken, die nur in der Angst ihren wahren Ursprung haben. Wie auf Ängste die Übel folgen, zeigen schon die kleinen Ängste des Alltags: etwa eine Speise nicht zu vertragen, nicht einschlafen zu können, angesteckt zu werden, bei Treppen oder bei Glatteis zu stürzen usw. Sie ziehen das Befürchtete mit magischer Gewalt an, und die Gefahr ihrer Verwirklichung nimmt mit jedem neuerlichen Angstgedanken entsprechend zu. Plötzliche Angst- und Schreckmomente können uns schlagartig erfassen, uns erstarren lassen, schockartig lähmen und in einen hypnoseartigen Zustand versetzen.

Ohne Zweifel machen sogar manche Ärzte mitunter grobe Fehler durch nicht genügend bedachte oder mißverständliche Äußerungen, aus denen ein verschreckter Patient das Bedrohlichste und Ärgste für sich herauszuhören vermeint. So schreibt Dr. med. *E. Liek*[20]): „Eine hingeworfene Bemerkung des Arztes wie schwaches Herz, Lungenspitzenkatarrh, breite Schlagader usw., kann den Menschen ein Leben hindurch krankmachen (iatrogene Erkrankungen)." Trotz der grundlegenden Bedeutung von Suggestion und Autosuggestion fehlt beim derzeitigen Studium der Medizin noch jegliche einschlägige ausreichende Information oder Ausbildung, obzwar sich seit Jahrzehnten namhafte Ärzte aus verschiedensten Richtungen, darunter Neurologen, Psychiater, Psychotherapeuten, auch Forscher vom Range eines *Viktor Frankl* oder *Arthur Jores,* eindeutig bejahend zu den Lehren von *Coué* ausgesprochen haben[21]). Auch Dr. *F. Alexander* beschreibt in seinem Werk „Psychosomatic Medicine"[22]) den innigen Zusammenhang von Emotionen und körperlichen Funktionen und verlangt vom modernen Arzt:

„Emotionelle Konflikte genauso real und konkret zu betrachten wie schädliche Mikroorganismen."

Die Teufelsspirale der Angst beginnt oft mit einem üblen Erlebnis, einer Beschwerde oder Erkrankung, die große Angst vor ihrer Wiederholung, also Erwartungsangst auslöst. Erwartungsangst zieht das befürchtete Übel an. Das Übel steigert dann seinerseits die Angst, und diese führt zu einem neuen Übel usw. So kann die Angst uns in Kürze völlig zu Boden werfen, zu Panikreaktionen führen und uns in die Flucht jagen. Gedanken, an die wir so fest glauben wie an Angst, drängen mit ungebrochener Kraft nach ihrer Verwirklichung. Mit Recht schreibt *K. O. Schmidt*[8]), daß nicht Krebs und andere Leiden die Geißel der Menschheit darstellen, sondern die Angst, die allen Leiden zugrunde liege.

Dazu gehört auch jede Form der Lebensangst. Und nach *Coué* heißt es:

Das größte Hindernis in unserem Leben ist die Angst. Angst lähmt die organischen Funktionen. Vertrauen schenkt uns Kraft. Das Angstgebilde um eine Krankheit macht neun Zehntel aus und die effektive Krankheit nur ein Zehntel. – Wer die Angst wegschafft, hat schon den größeren Teil des Krankheitsleides beseitigt.

Dazu muß man wissen, daß Angst nicht immer offen und erkennbar zutage tritt. Häufig verbirgt sie sich hinter vielerlei Masken, hinter hohlen Vorwänden oder sogenannten „tieferen Gründen", Motiven, Absichten. Oft verhüllt sie sich mit dem Mantel der überbetonten Vorsicht, des Pessimismus, der Zweifelsucht, der Skepsis oder des Zynismus. Aufdecken seiner eigenen versteckten Ängste ist für jeden Menschen überaus wertvoll. Wer seine echten Feinde nicht erkennt, der beläßt sie unbehelligt im „eigenen Haus", wo sie insgeheim Zuversicht und Selbstvertrauen untergraben und das Ihre zum Mißlingen aller Pläne beitragen. Von allen negativen Gedanken, Unlustgefühlen, Lieblosigkeiten usw. sind es vor allem die geheimen und offenen Ängste, die vampirartig an unseren Kräften saugen. Sie untergraben unsere Widerstandsfähigkeit und stellen ein *ideelles Krebsgeschwür des modernen Menschen* dar. Eindringlicher als die Bibel kann man davor nicht warnen: *„Denn was ich fürchte, das kommt über mich, wovor ich schaudere, das trifft mich."* (Hiob 3, 25)

Und *Bô Yin Râ* schreibt[12]):

„Niemals kann aus der Angst Gutes kommen!"

„Vergebens wird man die ganze Welt durchsuchen nach einer fördernden Tat, die in Angstbesessenheit gewirkt worden wäre!"

„Die Magie der Zuversicht ist heute bedeutsamer denn je, und sie allein kann die Magie der Furcht besiegen!"

Gewiß kann auch die Anziehungskraft der Zuversicht kein unvermeidbares Unglück verhüten. Davor ist niemand gefeit. Aber die Zuversicht kann mit Sicherheit vermeidbares drohendes Übel ablenken und erreichbares Glück anziehen und ins Dasein rufen.–

Wie kann man Herr seiner Angst werden?

Angst ist ein Zustand der Selbsthypnose. Daher kann man sie nur in der angstfreien Zeit besiegen. Jedes direkte Ankämpfen

gegen eine bestehende Angst ist eine schädliche Willensanstrengung, welche, wie wir bereits wissen, nur den Zustand verschlimmert!
Als *erstes* hat man alle seine angsterzeugenden Momente, Schreckbilder und Vorstellungen durch nüchterne Tatsachenbetrachtung zu analysieren, sich begreiflich zu machen und auf ihr reales Maß zu verkleinern. Die zumeist phantasievoll aufgebauschten Gebilde sind bis zu ihrer oft winzigen Auslöse-Ursache zu entkleiden und das restliche Gerippe zu demaskieren, zu entwerten, tunlichst zur Zersetzung zu bringen und aufzulösen. Gar nicht selten stecken Irrtümer, ja harmlose bis lächerliche Ursachen hinter der Angst; Ursachen, die einmal demaskiert, nie wieder Angst erzeugen können.
Als *zweites* soll man sich in der furchtfreien Zeit systematisch mit zuversichtlichen Suggestionen und Bildern aufbauen. Schon die konsequente Anwendung der sanft wirkenden Zentralformel legt bald einen schützenden Mantel um den Schüler der Autosuggestion und hilft ihm, sich allmählich selbstsicherer und unangreifbarer zu fühlen. Die ängstigenden Ursachen entschwinden nach und nach dem Blickfeld seiner Vorstellungskraft. *Coué* vermittelt das Bild: *„Wie ein Traum beim Erwachen in Nichts zerfließt, so werden solche leeren Hirngespinste völlig vergehen..."*
Der religiöse Mensch, der danach strebt, sein höheres Ich, den *„wahren Menschen in sich"* zu entwickeln, kann sich durch oftmals wiederholte und somit autosuggestiv angewendete Bibelworte oder andere religiöse Sätze sehr wirkungsvoll helfen, z. B.:

Der wahre Mensch in mir wächst ständig,
Macht Gottes Schutz (Kraft) für mich lebendig.

3. Todsünde: Die Unheilsuggestion

Wer Unglück erwartet, der „bittet" darum
und wird es auch zweifellos erhalten. *Prentice Mulford*[23])

Wie der Glaube in seiner höchsten Potenz, als Imagination, im Menschen wahre Wunder vollbringen kann, so bewirkt die gleiche Kraft, in falsche Richtung gelenkt, das entsprechende Gegenteil.

Das beginnt schon im kleinen:
Wenn wir glauben, daß es uns nicht möglich ist, eine Schwierigkeit zu meistern, ein Problem zu lösen, ein Leid zu bewältigen, dann werden wir damit nicht fertig. Es wird immer schlimmer. – Wenn wir an das Eintreten eines Mißerfolgs oder Unheils glauben und darauf schon warten, dann suggerieren wir es uns ein. Es wird kommen. Es vergeht kein Tag, an dem der Arzt in seiner Sprechstunde nicht Autosuggestionen seiner Patienten zu hören bekommt: ,,Ich habe es in der Lunge (Niere, Leber usw.), da steckt etwas Böses dahinter!" – ,,Ich weiß, daß ich wie meine Mutter an Darmkrebs sterben werde!" – ,,Bei meinem Bruder hat es genauso begonnen wie bei mir, jetzt liegt er bei den Unheilbaren!" – ,,Ich bin auf alles gefaßt!" – ,,In zwei Jahren fahre ich im Rollstuhl!" – ,,Ich bin ein hoffnungsloser Fall." – ,,Ich mache mir nichts vor, mir ist nicht mehr zu helfen!" usw.
Das ist Aber-Glaube im schlechtesten Sinn, ist ,,den Teufel an die Wand malen", ist bewußte oder unbewußte Flucht in die Krankheit, Flucht in ein Unheil. Diese Menschen haben ein Unheil-Bild in sich geschaffen, das sich, wenn man es nicht rechtzeitig auswechselt, immer mehr verwirklichen wird.

Drei Fälle aus der Zeitung

Fall 10
Ein bekannter Skifahrer stürzte bei einem Rennen sehr schwer und mußte ein Jahr lang pausieren. Dann fuhr er wieder erfolgreich. Als er aber wieder *dort* fahren mußte, wo er schon einmal gestürzt war, ereignete sich der *gleiche* Unfall noch einmal, genau an der *gleichen* Stelle. Er hatte offensichtlich den zweiten Unfall durch Beibehalten des Bildes der Gefährlichkeit der Unfallstelle sich selbst suggeriert.

Fall 11
Ein bekannter Autorennfahrer erklärte der Presse nach einer Trainingsfahrt: „Auf diesem Ring gibt es eine äußerst gefährliche Stelle, wer diese nicht gut nimmt, ist ein Todeskandidat!" Am

nächsten Tag verunglückte er selbst genau an dieser Stelle lebensgefährlich. Sein Bild von der tödlichen Gefahr in der gefährlichen Kurve, seine Unheilsuggestion, hat sich eben dort verwirklicht.

Fall 12
Ein Bahnarbeiter wurde irrtümlich in einen Kühlwagen der Bahn eingeschlossen und erst am nächsten Morgen entdeckt. Er war bereits erfroren. Aber der Kühlmechanismus war überhaupt nicht eingeschaltet! Die Unheilsuggestion des Arbeiters, das selbst erschaffene Bild, er müßte erfrieren, wenn er nicht in Kürze befreit werde, hat sich exakt verwirklicht.

Es sind unsere fest geglaubten Vorstellungsbilder, die entscheiden. Wer sich selbst aufgibt, ist verloren. Wer Frohsinn, Humor und Harmonie denkt, wird Frohsinn, Humor und Harmonie ernten. Wer Krankheit, Not und Elend denkt, kann nur Krankheit, Not und Elend ernten. Die meisten Mißerfolge des Menschen ergeben sich aus Mißerfolgsvorstellungen oder Unheilsuggestionen, z. B. aus dem Glauben, eine Aufgabe nicht erfüllen zu können, einer Sache nicht gewachsen zu sein, aus der Überzeugung:

„Das traue ich mir nicht zu!“... „Das kann ich nicht!“... „Das geht schief!“...

F. *Lambert* schreibt dazu:[19])
„Es gibt viel Rätselhaftes im menschlichen Leben, das Rätselhafteste ist mir, daß wir Menschen unsere schöpferische Kraft des Glaubens stündlich mißbrauchen. Dieses Verhalten finden wir sogar natürlich, sind wir doch stets geneigt, ohne weiteres das Schlechte, das Traurige, das Schlimme zu glauben...“

Geradezu klassisch ist der folgende Fall:

Fall 13
Buchhalterin, 50, erzählt: „Als unerfahrenes achtzehnjähriges Mädchen geriet ich mit Freunden in ein übles Lokal. Dort zeigte man mir verstohlen eine ortsbekannte Frau, die angeblich ge-

schlechtskrank sei. Ich erkannte zu meinem Schrecken, daß ich vor einer Weile, unmittelbar nach ihr, die Toilette benutzt hatte. Da wir in der Schule vor der Ansteckungsgefahr bei dieser Krankheit gewarnt worden waren, auch vor der Benutzung der Toilette nach geschlechtskranken Personen, bildete ich mir sofort ein, durch sie angesteckt worden zu sein. Tatsächlich: am nächsten Tag verspürte ich schmerzhafte Schwellungen meiner Leistendrüsen, Knoten in der Scheidenschleimhaut und Ausfluß, was ich alles zuvor noch nicht hatte. Ich war todunglücklich, seelisch völlig herunter, schwieg aber gegen jedermann. Als die Ferien kamen, mußte ich wegen eines geplanten Auslandaufenthaltes zur Blutabnahme. Im Befund las ich dann den Vermerk „Frei von Geschlechtskrankheiten". Da war ich der glücklichste Mensch der Welt. Nun wußte ich, daß ich mich getäuscht hatte und glaubte völlig gesund zu sein (= Austausch des Bildes!) In Kürze waren sämtliche Symptome spurlos verschwunden und traten nie wieder auf. Seither weiß ich, wie gefährlich es ist, sich etwas einzubilden. Ich übe mich, im Zweifelsfalle, immer an die bessere von zwei Möglichkeiten zu glauben. Es hat mir schon sehr viel geholfen."

Charakteristisch ist auch der folgende Fall:

Fall 14
Arzt, 42, spielt seit Jahren wieder erstmals Fußball, wobei er einmal stürzt. In der gleichen Nacht treten heftige, bedrohliche Herzschmerzen auf. Er vermutet Herzinfarkt. Der Krankenwagen bringt ihn in das Krankenhaus, wo er sofort auf die Intensivstation kommt. Dabei erlebt er an sich alle wohlbekannten Symptome eines schweren Herzinfarktes wie sie sozusagen nach dem Lehrbuch stattzufinden haben. Die Ärzte rechnen mit einem langfristigen Klinikaufenthalt. Als sich aber nachweisen läßt, daß kein Herzinfarkt vorliegt, sondern nur eine durch den Sturz bedingte Verschiebung eines Wirbelkörpers, die über die Nervenbahnen zu Herzsensationen führt, kann der Arzt diese Diagnose nicht glauben und verweist eindringlich auf seine typischen Infarkt-Symptome. Erst nach wiederholten Kontrollen überzeugen auch ihn die Befunde. Nun findet in seinem Inneren der „Austausch der Bilder" statt. Von

diesem Augenblick an verspürt er sein Herz kaum mehr, seine Infarkt-Symptome sind verschwunden, es schmerzt nur noch die Wirbelsäule. Nach einer chirotherapeutischen Behandlung wird er beschwerdefrei entlassen. Später erklärt er: „Seit meinem Scheininfarkt weiß ich über die enorme Rolle unseres Unbewußten Bescheid. Es kann uns das größte Theater vorspielen und das ärgste Unglück vortäuschen. Seit ich gelernt habe, es zu beeinflussen, könnte ich mir meine Praxis und mein Privatleben ohne gezielte Suggestionen kaum mehr vorstellen!"

Selbst-Suggestionen von Krankheitsbildern können sich auch ganz unverfänglich einschleichen. Dazu schreibt die *Coué*-Schülerin Dr. med. G. *Lucci*[24]): „Verspürt man beispielsweise einen Schmerz in einem Muskel, wahrscheinlich durch eine kleine, rasch vorübergehende Stoffwechselstauung, und sagt sich, das sei Rheumatismus, so wird man von jetzt ab sehr wahrscheinlich gegen das Wetter anfällig und kann sich leicht alle Erscheinungen eines Rheumatismus mit der Zeit verschaffen. Hat man einmal etwas Kopfweh, wahrscheinlich durch unrichtige, sich rasch rückbildende Blutverteilung und findet die Gründe in einer Aufregung, in einem Ärger, in einer gestörten Nacht oder in kalten Füßen, so wird man künftig, sobald diese Ursachen wieder auftreten, immer auch wieder Kopfweh bekommen. Das gleiche gilt für Depressionszustände und tausend andere Beschwerden. Es ist äußerst oft ausschließlich die *Erwartung* von Beschwerden oder Anfällen, welche diese auf den Plan ruft."

Der Kranke grüble daher nicht allen vermeintlichen Ursachen seiner Beschwerden nach, stelle keine Kombination auf, sondern wende sich lieber an einen guten Arzt und übe bewußte positive Autosuggestionen im Sinne von *Feuchtersleben*[8]):

„Gebt dem Geiste seine Kraft, und tausend Krankheiten sind geheilt!"

10. Kapitel
Der Kardinalfehler der Willensanspannung

Was man mit einer leichten Anstrengung erreicht
verdirbt man sich mit einer großen Anstrengung — Professor *Brauchle*[35])

Ein anderer Fehler von großer Bedeutung ensteht aus dem mächtigen Verlangen des Kranken, endlich von seinen Beschwerden befreit zu werden. Es ist die bereits erwähnte befehlende Willensanspannung. Wer sich nur ein wenig mit der bewußten Autosuggestion beschäftigt und erkennt, wie sehr er selbst seines Glückes Schmied sein kann, der kommt in die Versuchung des ungeduldigen Befehlens: „Ich *muß* jetzt gesund werden"!, „Ich *werde* jetzt gesund"! usw. Man vergesse aber nicht das Gesetz des Gegenwillens (S. 28), nach dem alle befehlenden Energieaufgebote und alle Willensanspannungen, Verkrampfungen und befehlenden Selbstgesundungsversuche zum Scheitern verurteilt sind! Sie mißlingen allesamt. Ebenso schlecht ist alle *Ungeduld*! Ungeduld erzeugt Willensanspannung und verhindert den Erfolg! Hilfreich ist hingegen die gelassene unerschütterliche Zuversicht.
Auch jede krampfhaft-verbissene oder ungeduldige „Autosuggestion" ist schädlich! Wir dürfen Verbesserungen nicht „er-*wollen*" sondern nur „er-*glauben*"! Man vergesse nicht den Lehrsatz, daß nicht das geschieht, was wir wollen. Wäre es so, dann würden alle gesund, reich und fröhlich sein. Dies ist bekanntlich nicht der Fall. Deshalb sollen wir uns einerseits vor eigenen befehlenden Willenseingriffen hüten und andererseits lernen, mit aller Leichtigkeit den autosuggestiven Glauben an das Gewünschte in uns zu erzeugen.

Unser vom bewußten Ich ausgehender Wille ist ein überaus wichtiges Instrument der Lebensführung. Er kann für Leistung, Planung, Ordnung, Erfüllung unserer Lebensaufgaben sorgen; er kann

unsere Handlungen bestimmen, Entscheidungen treffen; er kann unsere Bestrebungen zur Gesundung hervorragend unterstützen, aber nicht als *direkter* Befehlsgeber an das Unbewußte, sondern als *Erzieher* zum positiven Denken, Sprechen und Vorstellen; als *Förderer* positiver Aktionen, wie gesundheitsverbessernder, natürlicher Heilmaßnahmen; als *Überwacher* des Innen- und Außenlebens und als *Bekämpfer* aller negativen Bestrebungen und Einflüsse. Der Wille kann auch die Anwendung der bewußten Autosuggestion entscheidend unterstützen, wenn man ihn dafür sorgen läßt, daß die Aufgaben der Methode, wie sie im II. Teil des Buches dargestellt sind, mit großer Regelmäßigkeit, Konsequenz und Ausdauer durchgeführt werden. Der Mensch soll also auf keinen Fall willenlos werden, im Gegenteil! Er soll nur lernen, seinen Willen richtig zu gebrauchen. Denn dort, wo sich der Wille direkt befehlend in die Bereiche der autonomen Lebensabläufe einzumischen versucht, dort überschreitet er seine ..Machtbefugnisse" und richtet Schaden an.
Dementsprechend warnt F. *Lambert*[19]):

,,Der Fehler, der am häufigsten gemacht wird, ist zweifellos die Willensanspannung. Aus der Sehnsucht heraus, seine Krankheit loszuwerden oder seinen Mißerfolg zu überwinden, macht der Mensch zu leicht Willensanstrengungen. Wir müssen aber jegliche Anstrengung vermeiden, gelassen und hoffnungsfreudig sein und geduldig an Erfolg glauben!

Bewußte Autosuggestion betreiben heißt, sich dazu erziehen, an die Verwirklichung dessen zu glauben, was man erreichen will."

Fall 15

Apothekerin, 28, willensbetont, hat ihr Studium in kürzester Zeit mit Erfolg absolviert. Dennoch ist sie zunehmend bedrückt. Ihr Kinderwunsch blieb seit 6 Jahren unerfüllt, trotz verschiedener fachärztlicher Therapien. Ihre Freundinnen haben schon Kinder, sie kommt sich als Frau minderwertig vor und will jetzt erst recht eine Schwangerschaft erzwingen. Je mehr sie aber will und alles

danach plant, desto weniger freut sie das Intimleben. Schließlich hat sie sogar Angst davor, da sie im Anschluß daran Gebärmutterkrämpfe bekommt. Sie bezeichnet sich als zunehmend frigide.
Als Therapie erhält sie die bei Unfruchtbarkeit sehr oft bewährte Entschlackungskur nach F. X. *Mayr*[3]) und autosuggestive Richtlinien (siehe später!). Im besonderen wird sie aufgeklärt, daß ihre Lustlosigkeit und ihre Krämpfe nichts anders sind als die oppositionelle Antwort ihres Unterbewußten gegen ihre Willensanspannungen.
Ihre Krämpfe dienen der Verhinderung einer Schwangerschaft.
Daher müsse sie sofort aufhören, sich und ihrem Gatten Termine zu stellen und das Eheleben nach dem Kalender auszurichten.
Alle Zwangsvorstellungen wie: „Ich muß jetzt schwanger werden"! seien aufzugeben, da sie nur das Gegenteil bewirkten. Intimleben wäre nur günstig, wenn sie wieder ein echtes und starkes Bedürfnis danach verspüre. Ihren starken Willen dürfe sie verwenden, aber nur dazu, sich wiederholt daran zu erinnern, geduldig daran zu *glauben*, daß sie zur rechten Zeit, irgendwann einmal in den nächsten Jahren, ein gesundes Kind bekommen werde. Dieses Kind sei als reale Zukunftstatsache, bildlich und als Gewißheit vorzustellen, und daran zu glauben. Auch der Gatte wurde entsprechend beraten. Nach einigen Wochen waren Frostigkeit und Krämpfe verschwunden. Nach 6 Monaten erhielt der Verfasser einen, allerdings nur teilweise richtigen, Anruf:
„Herr Doktor, ich bekomme ein Kind! Und das verdanke ich *allein* Ihnen!"

11. Kapitel
Auswirkungen der inneren Einstellung

Täglich, ja stündlich bis minütlich, bestimmt der Mensch mit seinen Autosuggestionen die Tätigkeit seiner Gestaltungskräfte. Die Richtung, die er seinen unbewußten Selbstbeeinflussungen gibt, hängt vorwiegend von seinen Einstellungen und von seinen Veranlagungen ab. Die Verschiedenheit der Veranlagungen der einzelnen Menschen ergibt eine entsprechende Vielfalt von unterschiedlichsten Naturellen.
Da gibt es z. B. die sogenannten Tat- und Erfolgsmenschen. Nach ihrer Veranlagung sind sie für bestimmte, meist realistische Aufgaben besonders begabt. Oft wissen sie schon zu handeln, während andere noch träumen. Sie sind aber nicht nur fleißig und tüchtig, da diese Eigenschaften allein für wiederholte Erfolge nicht ausreichen. Sie *glauben* auch an sich, an ihr Können, an ihren Erfolg. Dabei spielt es keine Rolle, ob sie sich bewußt oder unbewußt ihre Zuversicht suggerieren. Sie *sind* einfach voll Zuversicht und *„wissen“* daher, daß das, was sie in die Hände nehmen, auch gelingt. Mißerfolge sind selten, auch weil sie sich sagen:

„Mißlungen heißt: noch nicht gelungen!“

Verzieht sich die Sonne der Schicksalsgunst, umdüstern Gewitterwolken den Erfolgshimmel oder gehen sogar Unwetter auf solche Menschen nieder, dann planen sie bereits für die Zeit nach dem Sturm, sobald die Sonne wieder für sie scheinen wird. Aufbauende Gedanken sind für diese Menschen ein Bedürfnis. Schon in ihren Jugend- und Lehrjahren haben sie konstruktiv und zielbewußt gedacht: Wie sie später ihre Aufgaben in hohen Positionen, an der Spitze von Unternehmungen usw. meistern wollen; wie sie ihre Mitarbeiter besser motivieren und geschickter behandeln können; wie sie ihre Erfolge nützen werden, um weiter an ihrem

Glück zu bauen. Daher nennt man solche Menschen auch Glückskinder. Man staunt mit welch „feiner Nase“ für kommende Ereignisse sie arbeiten; wie oft sie durch besondere Vorteile „begünstigt“ werden; und wie oft ihnen glückliche Zufälle hilfreich entgegen kommen. Was sind aber „Zufälle“ in Wirklichkeit?

Ein Zufall ist etwas, das einem zu-fällt. Es ist aber nicht immer ein „Zufall“, *was* einem zu-fällt. Nach *Bô Yin Râ*[25]) tritt im echten Zufall ein gesetzmäßiges Wirken zutage, da alles, was hier auf Erden geschieht, nicht aus dem Zusammenhang von Ursache und Wirkung zu lösen ist. So stellt es keinen „blinden“ Zufall dar, daß ausgerechnet Erfolgsmenschen viele Glücks-zufälle, und Mißerfolgsmenschen viele Unglücks-zufälle zufallen. Da jeder Mensch selbst sein eigener Magnet für sein Wohl und Wehe ist, liegt es an ihm, wie er sich, Tag für Tag, die Weichen seiner Zukunft stellt; ob für die Einfahrt günstiger oder ungünstiger Zufälle. Daher haben viele große Staatsmänner, Feldherren und Organisatoren ihre wichtigsten Mitarbeiter vor allem nach deren Fähigkeit ausgewählt, Erfolge anziehen zu können. So fragte *Napoleon* bei der Beförderung von hohen Offizieren nicht nach deren Können, Alter, Verdienst, sondern nur:
„Hat er Glück?!“, womit er nicht den blinden Zufall meinte, sondern die Fähigkeit, durch Tüchtigkeit und Glauben an Erfolg glückliches Gelingen zu erzielen.
Ebenso stellen tüchtige Unternehmer nicht trübselige Pessimisten als Mitarbeiter ein, auch wenn sie noch so qualifiziert sein mögen, sondern bevorzugen optimistische, Vertrauen ausstrahlende und nach Erfolg aussehende Bewerber.

Gutes Gelingen oder Glück darf aber keinesfalls etwa nur von der Stufenskala des äußeren Erfolges abgelesen werden. So gibt es Erfolge auf der inneren Ebene, die in aller Stille hoher Menschlichkeit vollzogen werden und viele spektakuläre äußere Leistungen in den Schatten stellen. Es gibt vom Schicksal Betroffene, die unter denkbar schwersten Bedingungen, bei ungünstigen körperlichen oder seelischen Vorausetzungen ihr ganzes Leben umstellen, neu beginnen, zum Positiven wandeln und völlig harmo-

nisieren. Es gibt Personen, die fast hoffnungslose Situationen meistern, tragische Umstände bewältigen, mit Schwierigkeiten fertigwerden, an denen unzählige andere zerbrechen würden. Und es gibt viele, denen schicksalshaft äußere Erfolge versagt sind, die aber Bewundernswertes leisten, indem sie trotz größter Schwierigkeiten ihr Dasein und das ihrer Familie wirklich glücklich gestalten. Sie haben sich anstelle äußerer Gewinne innere Reichtümer erarbeitet und strahlen Ruhe, Zufriedenheit und Harmonie aus.
Im Gegensatz zu den vielen, vom Wohlstand und Überfluß Übersättigten, gibt es für diese Personen nie die zweifelnde Frage, ob ihr Leben überhaupt einen Sinn habe. Sie wissen, daß jedes Leben einen Sinn hat, wenn man nur bereit ist, ihm diesen zu geben. Daher heißt es:

„Frage nicht mehr nach dem ‚Wert des Lebens', sondern nach dem Werte, den du deinem Leben geben kannst! –

Frage nicht mehr nach dem ‚Sinn des Daseins', sondern frage dich, wie dein Dasein durch dich selber Sinn erhalten könne!? –"[26]).

In dieser Einstellung zu sich selbst liegt für jeden die Entscheidung. Positiv eingestellte Menschen bereichern ihr Dasein mit einem Circulus virtuosus, mit einer Glücksspirale: Sie glauben an sich und den Erfolg ihres Tuns. Zuversichtliches Tun macht eine zufriedene, glückliche Einstellung. Glückliche Einstellung steigert das Gelingen und den Glauben an sich usw.

Bei den Unglücksmenschen, Pessimisten, Pechvögeln, bei den „vom Schicksal Geschlagenen", und bei allen Schwachen, die rasch verzagen und resignieren, ist das Umgekehrte der Fall. Ihre unkontrollierten ungünstigen Autosuggestionen verschlechtern fortlaufend ihre Lage!

Es gibt „geborene" Pessimisten und solche, die es geworden sind. Gesundheitsprobleme, Schmerzen, Reizbarkeit, nervöse Zustandsbilder, Antriebsschwäche, körperliche und seelische

Erschöpfung, Schicksalsschläge, Minderwertigkeitskomplexe, Partnerschafts- und Eheprobleme, Einsamkeit und die daraus entspringenden negativen Selbstbeeinflussungen ziehen unzählige Menschen in den Strudel des konsequenten Schwarzsehens und in die Teufelsspirale des Pessimismus. Jede kleinste neue Beschwerde, jeder kleinste Mißerfolg wird überbewertet und verstärkt die trübselige Auffassung, daß man ein Unglücksmensch sei. Der Glaube an sein bitteres Los führt neues Unheil herbei und verstärkt die negative Einstellung. Man sollte aber wissen, daß Pessimismus das teuerste aller Laster ist! Es wirkt zersetzend und behindert alle Glücksmöglichkeiten des Lebens. Der konsequente Pessimist, mag er auch noch so tüchtig sein, endet in den Abgründen seines fehlgeleiteten Glaubens, in Mißerfolg oder Krankheit, in Armut oder Verbitterung. Er erhält nur die traurige Bestätigung dessen, was er stets prophezeit hat.

Oft stimmt der Satz: Pechvögel lieben Pech, sonst hätten sie es nicht! Oder: Unglückswürmer lieben Unglück, sonst würden sie sich nicht so hineinwühlen! Häufiger aber sind es Beschwerden, Probleme, Skepsis, Zweifel, Erwartungsängste und vor allem: Vertrauensmängel zu sich selbst, die mit ihren unglücklichen Autosuggestionen eine Kette von Mißgeschicken heranziehen. Wie schon erwähnt, suchen unglückliche Personen die Ursache ihres Unglückes nicht bei sich selbst, sondern bei ihrem „bitteren Schicksal", bei den Angehörigen, bei tragischen Umständen, bei der Schlechtigkeit der Menschen, bei der Ungerechtigkeit und Unfähigkeit der Parteien usw. Mißgunst und Neid über das Glück der anderen verstärken oft noch das Unglücksgefühl. Aber schon *Goethe* sagte allen Neidgenossen:

„Wie sich Verdienst und Glück verketten, das fällt dem Toren niemals ein!"

Oft ist es eine verkehrte Lebenserwartung und Lebensauffassung, die zur chronischen Unzufriedenheit führt. Aber das Leben ist keine Vergnügungsfahrt, keine bloße Unterhaltung, um von anderen verwöhnt und bewundert zu werden. Darum meinte *P. Wenzel*[27]):

„Wer da meint, er sei auf der Erde, um es schön zu haben, der hat sich im Planeten geirrt!"

Unser Leben kann hier zwar durchaus schön sein, aber nur wenn es uns gelingt zu reifen und leben zu lernen. Daher ist dieses Leben auch eine „Schule" zur menschlichen Entwicklung, zur Mehrung von Erfahrung und Weisheit, und vor allem: Zum Erlernen der hohen Kunst des Lebens. Da dies nur Wenige beachten, sagte *G. Bernard Shaw*:

Die meisten Menschen sterben, ehe sie genug Vernunft haben um zu verstehen, wie sie leben sollen.

Wenn dem Menschen ein Mißgeschick zustößt, dann zeigt sich bald, wer er in Wirklichkeit ist. Wir können Erkrankungen oder Unannehmlichkeiten genausowenig davonlaufen wie einem größeren Unglück. Es liegt aber an uns, worauf wir uns dabei einstellen. Wer sich fallen läßt, zu klagen beginnt, was ihm alles daneben gehe, daß alles schlechter werde, wie er vom Pech verfolgt sei usw., der braucht sich nicht lange zu wundern, wenn ihn ab nun Unglückszufälle mit eiserner Konsequenz verfolgen. Viel besser ist es hingegen, sich wie *J. K. Lavater* einzustellen:

„Wenn Gott einen Baum umhauen läßt, dann sorgt er schon dafür, daß seine Vögel auf einem anderen Baum nisten können."

Und *Bô Yin Râ* gibt den Rat[6]:
„Betrachte ein Mißgeschick, das Dir begegnet, nicht anders als wie ein Gewitter, das Dich auf einem Ausflug überraschte, und Du kannst sicher sein, daß Dir stets seltener und seltener ein Mißgeschick begegnen wird!"

Die Einstellung entscheidet. Wo immer man stehen mag, ob näher den Glücklichen oder näher den „Traurigen am lichten Tag": jeder Mensch ist in der Lage, seine Einstellung zu ändern. Jeder kann seinen Standpunkt, wenn er nur will, verbessern und sich zum lebensbejahenderen und innerlich jüngeren Menschen erziehen. Der erfolgsgewohnte General *Mac Arthur* sagte 1956 zu Recht[27]): „Du bist so jung wie deine Zuversicht, so alt wie deine

Zweifel; so jung wie dein Vertrauen, so alt wie deine Sorge; so jung wie deine Hoffnung, so alt wie deine Verzweiflung. In der Seele eines jeden Menschen befindet sich eine Empfangsstation. Solange sie Botschaften der Schönheit, der Hoffnung, der Freude und des Mutes aufnimmt, solange sind wir jung. Erst wenn sie brachliegt und vom Schnee des Pessimismus und vom Eis des Zynismus zugedeckt ist, dann, und nur dann sind wir alt.–"

In diesem Sinne entscheiden wir selbst, entscheidet unsere Einstellung, entscheiden unsere Autosuggestionen über unser Befinden. Positive Menschen kennen keine anhaltenden Hemmungen, Depressionen, Verzweiflungen. Ob bewußt oder unbewußt, sie praktizieren die „Magie der Zuversicht". Sie kultivieren aufbauendes Denken, Sprechen und Handeln, da es ihnen zum *Lebensbedürfnis* und zur *Grundlage ihrer Existenz* geworden ist. Sie wissen, daß das Gelingen aller Bestrebungen oft mehr von der Einstellung des Menschen abhängt als allein von Tüchtigkeit, Fleiß und Können; und sie entwickeln ein feines Gefühl für Notwendigkeiten des Lebens. So werden sie beispielsweise nie ihre Vorhaben, bevor sie vollendet sind, in alle Welt hinaustrompeten, sondern unter Schutz und Schirm des Schweigens stellen, wo sie am besten gedeihen:
„Die lautesten Plätscherer sind die schlechtesten Schwimmer!"

Zuversichtliche Selbstbeeinflussung benötigen besonders jene, die viel unter Schwierigkeiten, Mißerfolgen oder Krankheiten leiden. Je tiefer sie ihre Denkgeleise schon in die Sümpfe der Depression, Schwäche und Verzweiflung geführt haben, desto schwerer finden sie heraus. Sie dürfen aber nicht über die „Blindheit des Schicksals" klagen und nicht einmal über die eigene Kurzsichtigkeit! Sie mögen vorwärtsblicken und bedenken: *Wenn es schon einen Glauben gibt, der Berge versetzen kann, so gründet dieser in erster Linie in unserer eigenen, jedem Menschen innewohnenden Kraft! Und es geht um das Wachstum dieser Kraft, wenn wir in Zukunft ein glücklicheres Leben gestalten wollen!*

II. Teil

Praxis der bewußten Autosuggestion

12. Kapitel
Einführung in die Praxis

Niemand weiß, wie weit seine
Kräfte gehen, bis er sie nicht
selbst versucht und entwickelt.

Das kluge Einsetzen und Lenken der in jedem Menschen wohnenden inneren Kräfte setzt guten Willen, Ausdauer und vor allem Kenntnis der beschriebenen Grundlagen der Autosuggestion voraus. Mit flüchtigem Darüberlesen ist nichts erreicht! Es geht ja nicht um bloße Erweiterung des theoretischen Horizontes des Lesers, sondern um Bewußtwerdung der geschilderten Zusammenhänge „in Fleisch und Blut". Der Schüler der Autosuggestion soll sensibilisiert werden gegen die Fehler wider sein Unbewußtes. Er soll von vornherein Mißgriffe vermeiden oder sie zumindest in ihren Frühstadien erkennen und abstellen lernen. Das Verstehen der Rolle unseres Gedankenlebens für unser Schicksal soll sich nicht nur für den kurzen Augenblick des Lesens des Buches auswirken, sondern die Denkgewohnheiten und Einstellungen des Lesers grundlegend und wohltuend beeinflussen. Anstatt den vielfältigen herabziehenden Suggestionen des Alltags zu unterliegen und sich von ihnen anstecken zu lassen, wird er sich durch eigene Aufmunterung aufbauen und die strömenden Kräfte seines Unbewußten in förderliche Richtung lenken. So wird er lernen, unnötige Fehler zu vermeiden, bösen Überraschungen vorzubeugen und so manche eigene Schwächen, schlechte Gewohnheiten, Minderwertigkeitskomplexe, Charaktermängel, aber auch zahlreiche Beschwerden und Krankheiten von innen her „auszuhöhlen" und nach und nach zum Schwinden zu bringen.

Das stets empfohlene sanfte und anstrengungslose Vorgehen verträgt sich nicht mit Ungeduld. *Coué* lehrt:

„Viele Menschen bilden sich ein, daß die Suggestion ihre augenblickliche Genesung herbeiführen werde. Das ist ein Irrtum und

widerspricht aller Vernunft. Man darf von der Suggestion nicht mehr erwarten, als was sie normalerweise leisten kann, d.h. eine allmähliche Besserung, die nach und nach zu völliger Genesung wird, wo eine solche möglich ist."

Das Beeinflussen des Dunkelbewußtseins erfolgt am besten durch Übermittlung aufbauender Botschaften, ermutigender Nachrichten, positiver Zusprüche. Daher erzählt auch die Zentralformel von *Coué* vom Besser- und Besserwerden und wirkt damit stärkend in die Wirbel des Tages und noch tiefer in die Nacht hinein. Natürlich müssen auch beim Anfänger die positiven Autosuggestionen stärker sein als die vielleicht noch unbewußt und gewohnheitsmäßig weiterhin gesetzten negativen Selbstbeeinflussungen. Schließlich sollen nur mehr aufbauende Impulse zur Wirkung gelangen. Sie dringen dann in alle Winkel des Lebens ein, spüren Schädliches, Lebenshemmendes auf und treiben es hinaus, damit es dem inneren Aufbau nicht im Wege steht. Das heilsame Denken und Sprechen mit dem Unterbewußten reinigt so bis in die Tiefe, baut auf, regeneriert und leitet bislang ungenützte wertvolle Kräfte in förderliche Bahnen, zu besseren neuen Ufern.

Aus all diesen Zusammenhängen ergibt sich mit logischer Konsequenz die Praxis der bewußten Autosuggestion nach *Coué*. Sie besteht aus:

1. Bewußte Gestaltung des Gedanken- und Vorstellungslebens.
2. Bewußte Zielgestaltung.
3. Autosuggestive Anwendung der Zentralformel von *Coué*.*)

*) Diese Reihenfolge ergibt sich aus der Notwendigkeit, zuerst die praktischen Zusammenhänge zu verstehen. Dies ist eine Voraussetzung für erfolgreiche Durchführung. Für die Ausführung der „Technik der Methode" empfiehlt sich hingegen die in der praktischen Ergänzungsschrift „Anleitung zur Autosuggestion" angegebene Reihenfolge der insgesamt 10 möglichen Übungen. Sie beginnen mit der 1. Anleitung „Vorsprechen der Zentralformel" und enden mit der 10. Anleitung „Die Kunst der Imagination"[52]).

13. Kapitel

1. Aufgabe: Bewußte Gestaltung des Gedanken- und Vorstellungslebens

Nicht allein das ABC
bringt den Menschen auf die Höh. *Wilhelm Busch*

Ohne Zweifel ist die bewußte Gestaltung des Gedanken- und Vorstellungslebens die schwierigste Aufgabe der bewußten Autosuggestion. Sie wird jedoch durch die Anwendung der beiden anderen Aufgaben, besonders der Suggestionsformel, entscheidend erleichtert und unterstützt. Dazu muß man wissen:

Die Denk- und Vorstellungskraft ist lenkbar!

Wir können uns vornehmen, an etwas Bestimmtes, zum Beispiel an den nächsten Urlaub, an eine Person oder an ein Essen zu denken; können uns wünschen, uns an ein Ereignis zu erinnern oder uns etwas Beliebiges vorzustellen. Dann werden sich in uns die entsprechenden Gedanken, Erinnerungen, Vorstellungsbilder, wie wir es gewollt haben, zur Entfaltung bringen. Ohne Zweifel sind wir demnach selbst die Gestalter und Herren unseres Gedanken- und Vorstellungslebens.
Da aber das Gedankenleben ununterbrochen stattfindet, und wir ständig von zahlreichen Seiten, von innen und von außen, Suggestionen, Emotionen, Versuchungen, Ablenkungen, Anregungen, Aufregungen erhalten, vollzieht sich unser Gedankenleben vielfach wie von selbst. Es ist meist vielfältig, verwirrend, widersprüchlich und fast ohne Kontrolle durch unser Bewußtsein. Je geringer aber die Kontrolle, desto größer ist die Gefahr, daß sich ungünstige Suggestionen, Vorstellungen und Auffassungen in uns einnisten,

und wir früher oder später eine Drachensaat zu ernten bekommen. Die wenigsten kontrollieren und beeinflussen bewußt ihr Gedankenleben, während sich die Mehrzahl in wichtigen Entschlüssen von ihren jeweils gerade vorherrschenden ungezügelten Gedanken und Emotionen bestimmen läßt.

Viele Menschen sind nur mehr Spielbälle fremder Suggestionen, wechselnder Stimmungen und Launen. Sie werden von Gemütsschwankungen und kleinen Mißgeschicken deprimiert, verlieren allen Mut und sind geschlagene Sklaven ihrer eigenen ängstlichen, destruktiven Gedanken. Hilflos wie Korken auf den Meereswogen werden sie vom Auf und Ab des Lebens hin- und hergetrieben, ohne Rast und Ruhe zu finden. Ihr Leben bekommt keine „Linie", sondern einen Zickzack-Kurs mit fortlaufend neuen Problemen, Schwierigkeiten und Mißgeschicken. Da jedoch die Denk- und Vorstellungskraft lenkbar ist, besitzen wir die Fähigkeit,

unsere Gedanken und Vorstellungen so zu lenken, zu regeln und zu kontrollieren wie der Polizist den Verkehr an einer Straßenkreuzung[29]).

Wir können durch ein inneres „Haltezeichen" die sich aufdrängenden unerwünschten Gedanken stoppen und an der Einfahrt in unser Gedankenleben behindern, während wir erwünschte, aufbauende Vorstellungen in unser Innenleben einzuwinken vermögen. Wir sind genauso in der Lage, den Gegenstand unseres Denkens zu wechseln, wie wir willkürlich von einem Gesprächsthema auf ein anderes übergehen können. Wir müssen es nur *tun,* anstatt uns vom ungehemmten Lauf der Gedanken überrollen zu lassen. Diese Fähigkeit der Steuerung läßt sich durch Übung und bewußte Gedankenerziehung steigern, während sie durch Vernachlässigung entsprechend verkümmert. Es ist Wachsamkeit und stete Bereitschaft vonnöten, die auf uns einwirkenden negativen Fremdsuggestionen und die sich leise einschleichenden negativen Gedankeneinflüsterungen sogleich in ihrer ungünstigen Tendenz zu entlarven. Wir können und sollen sie stoppen und so lange ignorieren, bis sie schließlich von selbst verschwinden. An ihrer Stelle gehen wir sogleich auf ein positives Gedankenthema über. Wir können ja jederzeit, wenn wir es wünschen, förderliche Bilder vor unserem inneren Auge aufmarschieren lassen: Bilder, die uns Freude machen, Zuversicht geben und Gesundheit, Schönheit und Erfolg verheißen. Sie verdrängen die unheilvollen Bilder. Dieser bereits bekannte „*Austausch der Bilder*" ist eine Grundlage der bewußten Autosuggestion. Da am Anfang stets der Gedanke steht, empfahl Pater *Johannes Möslinger*[30]:

Achtsamkeit und Wachsamkeit,
wie ein Gedanke kommt und wie er verläuft,
denn erst am Schwanz ist die Schlange zu erkennen!

Und:

Gedanken sind wie Gäste in unserem Haus. Prüfen Sie, wen Sie bei sich ein- und ausgehen lassen!

Was für Gedanken gilt, trifft noch mehr für ausgesprochene Gedanken, also für Worte zu. Förderliche Gestaltung des Gedanken- und Gesprächslebens erfordert eine grundsätzliche, positiv orientierte innere Einstellung. Es gibt aber zweifellos viel Unerfreuliches, Betrübliches, Negatives im Leben. Und vieles davon können wir überhaupt nicht beeinflussen. Es ist aber nicht unsere Aufgabe, das Unbeeinflußbare zu beklagen, sondern vielmehr das Beeinflußbare, soweit es negativ ist, bestmöglich zu wandeln. Meist ist es sehr viel, das wir von uns aus zum Positiven wenden können. *Lambert* schreibt[19]):

„*Coué-Methode betreiben heißt umdenken lernen!*"

Unsere Denk- und Vorstellungskraft ist lenkbar

Wenn wir jahrelang oder gar ein ganzes Menschenalter hindurch gewohnt waren, in vielem grundsätzlich negativ zu denken, so müssen wir in der Anwendung der Methode besonders konsequent, geduldig und streng mit uns sein. – Dies fällt oft sehr schwer, wenn schon viel im Leben danebengegangen ist; wenn Krankheiten, Pechsträhnen, Schicksalsschläge eingetreten sind; wenn zweiflerische, ängstliche, schwarzseherische Gedanken die Herrschaft an sich gerissen haben oder wenn Kritiksucht, Streitlust, Frustrationen an der Tagesordnung stehen. Um so nötiger sind positive Autosuggestionen! Dies gilt besonders bei

a) Neigung zu Mißlingen, Fehlschlägen, Versagen

Die Praxis der Autosuggestion ist nicht vornehmlich eine Behandlungsweise; sie gehört eher in den Bereich der Erziehung.

Prof. *Ch. Baudouin*[32])

Man muß es sich klarmachen: Fehlschläge sind selten als etwas Endgültiges anzusehen! Das Scheitern von Hoffnungen, und selbst das Unerfreulichste, das einen treffen kann, birgt in sich oft eine dringend benötigte Lehre! Wer bereit ist, aus allem zu lernen, verdankt seinen Mißerfolgen nicht selten das Beste! Erfahrungen machen fähiger, Fehler zu verhüten, Geschicklichkeit und Erfolgssicherheit zu gewinnen und den Grundstein für eine bessere Zukunft zu legen. Das Unglück von heute kann sich zum Glück von morgen wandeln. Daher grolle man nie voreilig seinem Schicksal oder „schuldtragenden“ Menschen, sondern nehme alles an und betrachte einen Rückschlag als Lehrgeld oder als Stufe für künftig besseres Gelingen. Der beste Weg aus solchen Nöten heißt: Daraus lernen, besser machen und an seine Zukunft glauben! Verloren ist immer nur, wer sich aufgibt! In solchen Situationen hat sich die Anwendung von Suggestionsformeln bewährt (siehe später). Neben der allgemeinen Zentralformel von *Coué*:

Es geht mir mit jedem Tag – in jeder Hinsicht – immer besser und besser!

kommen hier auch Sonderformeln in Betracht, wie zum Beispiel:

Nur guter Mut – alles wird gut!
(alles wird besser und besser – alles wird gut!)

Die Übung, sein Gedankenleben zu kontrollieren und zu lenken, besitzt gerade nach Mißgeschicken grundlegende Bedeutung. Man kann es sich gar nicht genug einprägen:

Es ist das Denken und Glauben an gutes Gelingen, das hilfreiche Kräfte mobilisiert und positive Zufälle anzieht. Und es ist das Bemühen, sein inneres Empfinden zu befragen, das die eigenen besten Helfer und Ratgeber, seine schöpferischen Kräfte auf den Plan ruft. Man kann sie entwickeln, indem man ihnen Beachtung und Vertrauen schenkt; und man kann mit ihrer Hilfe die Fähigkeit steigern, Intuitionen und Inspirationen zu erlangen. So lassen sich oft bessere Wege und günstigere Lösungen von Problemen finden, als sie der bloße Verstand allein sich ausgedacht hätte. Nicht selten erwacht man dann des Morgens mit der idealen Antwort auf eine schwerwiegende Frage, mit der man abends ratlos zu Bette gegangen ist: „Der Herr gibt es den Seinen im Schlafe!"
Hamblin[28] erinnert alle, die gesundheitlich, beruflich, familiär aus ihrem Versagen nicht herauskommen, an diese ihre eigenen höheren Kräfte zu glauben und ruft ihnen zu:
„Freunde, glaubt an Euren Erfolg! Jeder ist gleichermaßen Eigner der den Erfolg bedingenden inneren Kraft! Diese Kraft ist unbegrenzt

Wer sein Denken ändert, der ändert sein Schicksal

und unausschöpfbar und läßt Euch nie im Stich! Alles was nötig ist, um sie zum Wirken zu bringen, ist der Glaube an ihre Macht und die Bereitwilligkeit, ihr rückhaltlos zu vertrauen und von ihr mutig Gebrauch zu machen!"

b) Neigung zu zweiflerischen, ängstlichen, schwarzseherischen Gedanken

Die Sorgen, die zu Tränen führen, lassen auch andere Organe weinen. Indisch

Auch hier sei es wiederholt: Alles direkte Ankämpfen gegen negative Gedanken und Zwangsgedanken, gegen üble Gewohnheiten, Leidenschaften, Süchte, Versuchungen, stellt eine Willensanspannung dar. Sie treibt unser Unbewußtes in Opposition und führt zur Verschlimmerung. Es kommt zu vermehrtem Zustrom an verderblichen Ideen und belastet unheilvoll den Nerven- und Gemütszustand. Anstelle des Bekämpfens ist auch hier das Nichtbeachten der unerwünschten Gedanken und Impulse zu empfehlen. Die Technik sei nochmals, mit anderen Worten, geschildert:

Denken ist wie bauen. Gedanken sind lebendige Bausteine, die sich uns mit aller ihrer Kraft zur Bearbeitung aufdrängen. Wenn wir aber bestimmte Bausteine nicht wollen, weil sie uns schlecht dünken, so dürfen wir sie nicht annehmen. Wir dürfen sie auch nicht als schlecht oder falsch bezeichnen oder mit ihnen „diskutieren", denn sonst bauen wir schon mit ihnen! Wir dürfen sie überhaupt nicht beachten. Sie bleiben dann zunächst abwartend-lauernd vor unserer Schwelle liegen. Beachten wir sie weiterhin nicht oder mit anderen Worten: ignorieren wir sie oder „hungern" sie gedanklich aus, indem wir uns nicht mit ihnen beschäftigen, dann ziehen sie von selbst wieder ab. Sie sind dann wie Bilder oder Schemen, die uns nichts zu sagen haben. Sie verschwinden von selbst aus unserem Gesichtskreis. Anstelle der unerwünschten Gedankenbausteine planen und bauen wir sogleich bewußt mit erwünschten zuversichtlichen Vorstellungen. Das Gelingen dieses

Wechsels ist nur eine Frage der Übung. Auch hierbei können Suggestionsformeln ganz wesentlich helfen. Als Sonderformel kommt z. B. in Betracht:

Ich denke froh und heiter – Glück ist mein Begleiter!

Das positive Denken, das schließlich zur ständigen Gewohnheit werden soll, bringt im Innenleben nach und nach immer deutlicher große befreiende Ruhe und Ordnung, verstärkt unsere Zuversicht und den Glauben an eine heile innere Welt.

c) Neigung zu übersteigertem Kritisieren, Schimpfen, Verurteilen

Wer andere verkleinert, kann selbst nicht größer werden.

Erst prüfe man sich ehrlich: Neigen wir nicht dazu, oft schon bei kleinsten Anlässen über Angehörige, Nachbarn, Bekannte, über Geschäftspartner, Vorgesetzte, Mitarbeiter, Konkurrenten oder über Autofahrer, Fußgänger, Juristen, Ärzte. Politiker usw. unverhältnismäßig viel zu schimpfen? Über noch ungeklärte Mißstände loszulegen und sie zu verurteilen? Ereifern wir uns nicht unnötig über das Wetter, das Fernsehprogramm oder alles andere, das nicht unseren Wünschen entspricht? Besitzen wir nicht die Fähigkeit, fast überall ein „Haar in der Suppe" zu entdecken? In den Dingen rascher die Schatten- als die Lichtseiten zu erkennen? Oder heikle Situationen rascher zu verurteilen als uns ein

COUÉ-Methode betreiben heißt Umdenken lernen

Lambert

objektives Bild zu verschaffen? Unser Kritisieren, Nörgeln, Bemängeln, Tratschen, Verdächtigen und Schlechtmachen schlägt sich genauso ungut auf uns zurück wie alles unser Klagen, Schwarzsehen und Unheil-Bereden. Vielen ist es geradezu eine *Lust* oder *Sucht* geworden, Negatives überall zu wittern und alles Ungünstige gleich in alle Welt hinauszuposaunen. Aber schon das Suchen nach dem Schlechten, das Hegen liebloser, ätzender oder zersetzender Gedanken und das Sprechen deprimierender, angekränkelter, morbider oder haßerfüllter Worte, oder alles unnötige Kritisieren, Schimpfen und Verurteilen bringt niemandem Gutes, während positive Autosuggestionen mit ihren schöpferischen Entfaltungsimpulsen segensreich wirken.
Über die gesetzmäßige Auswirkung des Kritisierens und Verurteilens seiner Mitmenschen konnte man schon vor 2000 Jahren hören:

„Richtet nicht, damit ihr nicht gerichtet werdet. Denn mit dem Urteil, mit dem ihr richtet, werdet ihr gerichtet werden, und mit dem Maß, mit dem ihr messet, wird euch gemessen werden."
(Matthäus 7, 1–2)

Konsequenz: Man entschließe sich ernsthaft, sich von der Sucht des Schimpfens, Nörgelns und Verurteilens freizumachen. Auch dies gelingt nicht durch Selbstzwang und direktes Bekämpfen, sondern durch

1. Erkennen des ersten Auftretens negativer Impulse schon an der Schwelle der Bewußtwerdung

2. Bewußtes Ignorieren

3. Erfüllen unseres Bewußtseins mit einer Armee guter, aufbauender und erfreulicher Gedanken, wie sie jeder Mensch als ständigen Besitz in sich beherbergen sollte

4. Durch Anwendung geeigneter Suggestionsformeln, wie zum Beispiel:

Der wahre Mensch in mir wird leben,
Wird wieder Lob und Freude geben.

Oder:

Nörgeln bringt Frust,
Loben bringt Lust.

d) Neigung zu negativen Lebensauffassungen, Arbeitsunlust.

Ein großes Übel ist der Glaube vieler Menschen, daß das Leben ein Übel ist. Das liegt aber nur an ihnen selbst und an ihrer verkehrten Einstellung, mit der sie sich ihr eigenes Leben verdrießlich machen. Schließlich sehen sie in allem, was ihnen begegnet, fast nur mehr das Unerfreuliche und Üble. Sie mögen sich selbst nicht mehr und verneinen auch rundum die ganze Welt. Dazu sagt *Bô Yin Râ*[9]):

„Weltverneinung ist Torheit!
Weltverneinung ist der narkotische Trank schwächlicher Seelen, die der Wirklichkeit entwischen zu können glauben..."

Grundsätzliche negative Lebenseinstellungen sind Fluchtversuche aus der Welt! Meist stellen sie Auswirkungen erheblicher psycho-

Ihr Vokabular muß heißen:
es ist leicht, ich kann es!

Coué

physischer Störungen dar. Es besteht der Trieb zu übersteigertem Selbstgenuß, der mit müder Passivität, Antriebsschwäche und Arbeitsunlust gepaart ist. Als Folge treten die sogenannten Frustrationen auf. Aber je mehr diese „Frustrierten" sich selbst, ihre Schwierigkeiten und die ganze Welt verneinen, desto mehr programmieren sie ihr Unbewußtes genau auf diese ihre Schwierigkeiten! Sie finden ihr Unglück dann allerorts und bleiben daran haften wie an klebrigteerigen Massen, von denen sie sich nicht mehr oder nur sehr schwer wieder freimachen können. Befreiung ist nur möglich durch innere Wandlung, Umstellung des Denkens, also durch bewußte aufbauende Autosuggestionen. Diese führen schließlich zum Austausch der inneren Bilder des „Frustes" gegen Bilder der Freude.
Auch für chronisch Arbeitsmüde gilt:

Die beste Methode, eine Arbeit loszuwerden, ist, sie gleich anzufangen.

Hilfreich ist auch hier die Anwendung der allgemeinen Zentralformel von *Coué* sowie allenfalls einer Sondersuggestion. Die Auswahl dazu muß individuell erfolgen. Bei manchen hat sich bewährt:

Schaffen macht mich froh und frei –
Schaffen schafft mir Glück herbei

e) Einstellung bei unabänderlichem, schwersten Schicksal

Es gibt schwerste Schicksale, wie angeborene Mißbildungen, unheilbare Krankheiten, irreparable Unfallfolgen, Organausfälle mit Lähmung, Blindheit, Taubheit oder seelische Katastrophen aller Art. Wenn sie einmal da sind, kann man ihnen nicht mehr entfliehen. Sie sind unentrinnbar zum persönlichen Schicksal des Betroffenen geworden.

Auch hier gilt die Warnung vor dem dagegen Ankämpfen-Wollen! Es bringt Verschlechterung und Verzweiflung! So schwer es auch ist: Der Mensch soll sein Schicksal nicht bekämpfen, sondern meistern! Das ist nur möglich, wenn er es grundsätzlich *annimmt, bejaht* und – wo nötig und möglich – schließlich *wandelt.* Mit der Bejahung eines unabänderlichen Schicksals eröffnet man den eigenen schöpferischen Kräften den Weg zu einer ungeahnten Entfaltung und findet allmählich Antwort auf die quälende Frage, warum das Schicksal so grausam war, und warum es nicht diesen oder jenen, sondern ausgerechnet den Betroffenen selbst heimgesucht hat. Die Wandlung von bitterem Leid zu höherem Trost, innerer Erkenntis und Erhellung ist allerdings in jedem Einzelfall verschieden. Dazu 2 lehrreiche Schicksale:

Fall 16
Der lebensfrohe Mann, der dem Verfasser die Grundlage für Heilmassage beigebracht hat und dessen er dankbar gedenkt, erlitt als junger Landarzt bei einem Eisenbahnunfall eine Durchtrennung beider Sehnerven und blieb seither – völlig unheilbar – lebenslang total blind. Nach längerer Zeit tiefster Verzweiflung und Depression bejahte er sein Schicksal, lernte massieren, machte den Facharzt für physikalische Medizin, gründete eine Familie und leitete in Wien ein großes medizinisches Institut, das sich bald eines hervorragenden Rufes erfreute. Er verfaßte auch mehrere Bücher, die heute leider vergriffen sind. Eines trug den Titel: Dr. Fritz *Guggi:* Die Saat aus dem Dunkel.

Nicht vergriffen sind hingegen die ebenfalls lehrreichen, trostvollen und empfehlenswerten Schriften des durch Krankheit erblindeten

Glaube ist das Samenkorn aller Wunder

Jaques Lusseyran, deren Titel bereits erkennen lassen, was hier unter ,,Wandlung des Schicksals" gemeint ist:
J. Lusseyran: Blindheit – ein neues Sehen in der Welt[31]).
J. Lusseyran: Das wiedergefundene Licht[31]).

Es gibt noch viele Suchende, die sich beklagen, es gäbe heute weder echte Richtlinien noch Leitbilder. Mögen sie sich doch mit diesen und anderen früher angeführten Schriften auseinandersetzen! Wer sucht, wird finden!

Fall 17
Ingenieur, 58, erlitt unerwartet, getroffen wie vom Blitz aus heiterem Himmel, einen Schlaganfall. Seine rechte Körperhälfte, auch Teile seiner linken Hälfte, blieben gelähmt. Er lag 10 Jahre hilflos in seinem Bett und wurde von seiner Frau liebevoll betreut. Einige Zeit vor seinem Tode erzählte er dem Verfasser: ,,Die erste Zeit, als ich mich noch gegen mein Leiden wehrte, innerlich dagegen stemmte, es verfluchte, es allen anderen wünschte, nur nicht mir selbst, da machte ich die Hölle auf Erden durch. Endlich erkannte ich, daß dies meinen Zustand nur noch verzweifelter macht. Dann begann ich zu suchen und nahm endlich mein Schicksal an. Das brauchte seine Zeit, bis es wirklich gelang. Schließlich ging in mir eine innere Tür auf. Es wurde mir leicht und licht. Die furchtbare seelische Wunde heilte zu, und tiefe Ruhe, heilsamer Friede und höhere Freude kehrten in mir ein. Sie haben mich seither nicht mehr verlassen. Längst bin ich mit mir und aller Welt versöhnt und fühle mich geborgen in Gottes Nähe. Man kann mich nicht verstehen, daß ich längst meinem Schicksal für alles dankbar bin, aber ich bin heute wirklich ein viel froherer und glücklicherer Mensch als früher, als ich nur in der Außenwelt, in der Welt der harten Materie, bewußt lebte. Heute kann ein Vögelchen, das sich zu mir an das Fensterbrett setzt oder ein einziger Sonnenstrahl mehr Freude in mir aufklingen lassen als früher einmal große Geschenke. Ich weiß: Heute bin ich unermeßlich reicher als zur Zeit meiner körperlichen Gesundheit. Wenn mich heute Bekannte besuchen, so braucht mich keiner

zu trösten; ich aber bin glücklich, wenn ich beim Abschied erkenne, daß sie alle durch mich, den Gelähmten, getröstet und gestärkt nach Hause gehen. Und wenn die Stunde meines Abschieds von dieser Erde kommt, ich werde vorbereitet hinübergehen in eine lichtere Welt!"

Die Kenntnis einer solchen Wandlungsmöglichkeit bei unabänderlichen schwersten Schicksalen mag für viele wertvoll und heilsam sein, jedoch geht es in dieser Schrift vor allem darum, daß alle, denen bislang solches Leid erspart blieb, den Weg erkennen, wie vermeidbaren unglücklichen Ereignissen, die sie vielleicht einmal heimsuchen könnten, wirkungsvoll vorzubeugen ist. Bekanntlich kann man einer Fülle von Störungen und Leiden durch aktive Mitarbeit im Rahmen von Naturheilverfahren, wie Fasten- und Entschlackungskuren, grundlegend vorbeugend oder heilend entgegentreten[3]; und ebenso kann man vielen *anderen* vermeidbaren Fehlentwicklungen und Übeln mit positiven Autosuggestionen erfolgreich den Weg versperren. Man eröffnet an ihrer Stelle günstigen Ereignissen den Zugang in sein Dasein. Wer das noch nicht erlebt hat, kann es kaum glauben, aber jede klare, geradlinig festgehaltene innere Einstellung besitzt die Macht, das weitere Schicksal jedes Individiums deutlich zu beeinflussen.

Anschließend seien noch zwei Gruppen mit besonderen Schwierigkeiten besprochen:

Jeder hat selbst das Werkzeug seiner Heilung in der Hand

Coué

f) Neigung zum Selbstquälen, Gegenreden, Besserwissen

Das häufigste Argument gegen die Praxis der Autosuggestion gipfelt in den *Fragen:*

„Unterdrücke ich nicht wichtige eigene Impulse, wenn ich sie durch bewußte Autosuggestion am „Ausleben" behindere?! Und:

„Manipuliere ich mich nicht selbst dadurch?"

Antwort: Ja, man verhindert so tatsächlich das Ausleben bestimmter eigener Impulse! Da es sich dabei aber nur um sehr negative Impulse handelt, ist dies erwünscht, hilfreich und günstig. Jeder, auch der anständigste Mensch, bekommt von Zeit zu Zeit, oft nur für kurze Momente, irgendwelche negative Impulse: unehrliche, feige, rücksichtslose, gemeine, begierliche, haßerfüllte, streitlustige, gewalttätige und andere Anwandlungen. Solchen Impulsen, etwa dem Nächsten in Not aus Bequemlichkeit nicht beizustehen, einen gefundenen Gegenstand nicht abzugeben, einem Reichen Glanz, Geld und Gut zu neiden, einen Widerling gleich brutal zu verprügeln, einem korrupten Politiker eine Kugel durch den Kopf zu jagen, den Prozeßgegner umzubringen usw., kann man keinen freien Lauf geben. Würden sämtliche Erdbewohner alle in ihnen im Laufe des Lebens aufkeimenden Impulse und Aggressionen hemmungslos „ausleben" lassen, wäre dieser Planet längst entvölkert, vom sogenannten Homo sapiens ausgerottet.

Der Entwicklungs- und Reifeprozeß des Menschen besteht darin, daß er immer fähiger wird, das Wertvolle in sich aufzurichten und zu erkämpfen, das Hinabziehende, Üble hingegen zu meiden. Darauf beruhen die Grundlagen jedes sozialen Zusammenlebens. Läßt der Mensch sich aber gehen und lebt sich spontan egoistisch-umgehemmt aus, dann nimmt eines Tages das Schicksal seine Erziehung in die Hand. Es rüttelt ihn aus seinen Träumen und erteilt ihm seine Lektionen:

Den Unrealistischen liefert es bittere Realitäten; den Tragisch-Nehmern echte Tragödien; den Selbstquälern ärgste Qualen; den Zweiflern Verzweiflung; und denen, die sich ungehemmt ausleben, bietet es seinerseits ungehemmt eine Fülle zum Ausleben: Es überschüttet sie mit Sturzbächen an Widrigkeiten, Mißgeschicken, Krankheiten, Sorgen oder anderem Elend. So gibt es jedem *Seine* Antwort.

Die bewußte Autosuggestion ist somit keine Manipulation des Menschen, sondern eine wirksame Hilfe zur Selbsterziehung, Selbstertüchtigung und Selbstentfaltung. Da das Leben vielfach ein Spiegelbild des Gedankenlebens darstellt, müssen gerade die Selbstbemitleider, Selbstquäler und Besserwisser ihr Gedankenleben erneuern, falls sie ein gesünderes, froheres und erfolgreicheres Leben erstreben. Die bewußte Autosuggestion kann ihnen dabei helfen.

g) Einstellung bei Unfrieden, Streit, Zwist

Gott hat uns zwei Augen gegeben, damit wir gelegentlich eines zudrücken können.

Zwischenmenschliche Auseinandersetzungen, Streitigkeiten, Prozesse, Haß, Neid und alle anderen Verwicklungen, die uns in die Netze der inneren Not, Unruhe, Verwirrung und Verzweiflung verstricken, beeinträchtigen unsere seelische Harmonie. Sie schwächen unsere Lebensfreude und Gesundheit. Als Folge sehen unsere „inneren Augen“ schlechter, hören die „inneren Ohren“

Wer ein Übel erkennt,
hat es schon halb geheilt

weniger, und das Herz wird stumpf. Das Unbewußte ist auf Selbstverteidigung, Kampf und mögliche negative Entwicklungen eingestellt – und zieht sie dadurch auch an. So liegt die Herstellung von Eintracht und Frieden, wo immer es nur möglich ist, im höheren Interesse jedes einzelnen. Wer aus tiefster Seele Eintracht sucht und seine Denkeinstellung grundsätzlich in diese Richtung hin orientiert, der findet häufig schon in Kürze Mittel und Wege, seinem Ziel näher zu kommen. Die Verbesserung der inneren Einstellung wirkt sich oft schon bald sehr günstig auf die äußeren Verhältnisse aus.

Fall 18:
Frau, 30, verheiratet, zwei Kinder, erzählt: „Mein Mann ist an sich ein guter Mensch, aber er bekommt bei geringsten Anlässen solche Wutanfälle, daß er sich selbst vergißt, mit uns brüllt, uns beleidigt, beschimpft und demütigt, um dann, wenn der Zorn verraucht ist, wieder freundlich zu sein. Er tut dann so, als wäre nichts geschehen. Ich ertrage das aber nicht, ich bekomme sofort Weinanfälle und bin wie am Boden zerstört. Die Kinder weinen mit. Nur ihretwegen habe ich meinen Mann noch nicht verlassen. Auch das Intimleben ist zerrüttet. Ich bin völlig verzweifelt."

Die Patientin erhält den Rat, in der ersten Phase nur an sich zu arbeiten, ohne davon ihrem Mann etwas zu verraten. Sie möge zunächst eigene Fehler suchen und alle Anlässe für Zornausbrüche des Gatten vermeiden. Sie müsse konsequent bewußte Autosuggestion durchführen, mit der ersten Zieleinstellung, daß sie selbst sehr viel zum häuslichen Frieden beitragen könne, und daß ihr das auch gut gelingen werde. Dazu sei auch die allgemeine Suggestionsformel von *Coué* anzuwenden und zusätzlich die Sonderformel:

Geschrei egál –
Ich bleib normál!

Nach drei Wochen berichtete sie von einer deutlich verbesserten Situation. Sie habe einige „Steine des Anstoßes" erfolgreich beseitigt. Die Zornausbrüche seien seltener und kürzer gewesen und hätten sie erstaunlich wenig berührt, da sie sich während des Ausbruches ununterbrochen das „Egal-Sprücherl" gedacht hätte. Dadurch sei sie nach außen hin völlig ruhig, gelassen und ohne Weinanfälle geblieben. Ihr Mann hätte dadurch mehr Respekt vor ihr gezeigt, keine Schimpfworte verwendet und sie erstaunt über ihr verändertes Verhalten befragt. Ihre Antwort war: „Deine Schreierei nehme ich nicht zur Kenntnis! Aber wenn Du berechtigte Wünsche hast, die Du mir im Guten sagst, werde ich sie gerne erfüllen!" In einer späteren Behandlungsphase bedauerte der Gatte jede seiner seltener und kurzfristiger auftretenden Entgleisungen. Er führte gemeinsam mit seiner Frau eine Fastenkur nach Dr. *F. X. Mayr* durch. Dabei wurde sein vollblütiges aggressiv-cholerisches Naturell grundlegend entlastet. Schließlich wandte auch er die bewußte Autosuggestion an. Die Ehe wurde sodann besser als je zuvor in den glücklichsten Tagen. Ein drittes Kind ist unterwegs.

Für die meisten Fälle von Unfrieden gilt dasselbe Rezept. Da es schwierig ist, einen anderen Menschen zu verändern, heißt es, in erster Linie eigene Fehler zu erkennen und tunlichst abzustellen. Niemand ist vollkommen. Jeder macht Fehler, deren Beseitigung oft schon zur Versöhnung führt. Man halte Einkehr bei sich, jenseits der Welt der Unruhe und des Lärmes der Außenwelt und suche in aller Stille seinen eigenen inneren Frieden. Wer diesen schließlich in seinem Innersten findet, der gewinnt Abstand vom Streit und erkennt eine andere Wertordnung der Dinge: Vieles Äußere, Allzu-Irdische, Materielle, was bislang vielleicht als das Wichtigste im Leben erschienen war, wird unbedeutender, anderes

Innere Wandlung schafft äußeren Wandel

hingegen, was bisher kaum beachtet wurde, gewinnt an Wert: Gesundheit, menschliche Lebensqualität, Harmonie und Friede mit seiner Umwelt. Wer danach sucht, wird vieles finden, was er von sich aus dazu beitragen kann. Sehr lehrreich sind die Worte von *Laotse*[33]):

„Ein unrühmlicher Frieden ist einem noch so glänzenden Kriegserfolg vorzuziehen. Der strahlendste Sieg ist doch nur Widerschein einer Feuersbrunst!"

Durch schwere strittige Auseinandersetzungen kann man auch unversehens in üble Situationen und Gefahren hineinschlittern. Auch hier ist es entscheidend, sich nicht durch pessimistische Gedanken, Schwarzsehen oder Angst in neue Strudel negativer Belastungen hinabziehen zu lassen, sondern die zuversichtlichen Kräfte in sich autosuggestiv auf den Plan zu rufen. Nur bei positiver Einstellung besteht das Wort von *Hölderlin* zu Recht:

„Wo aber Gefahr ist, wächst das Rettende auch!"

Für das Gelingen eines so guten Werkes, wie das Herstellen des Friedens mit dem Nächsten, gilt:

„Beschließest du eine Sache, wirds dir gelingen und über deinem Lebensweg strahlt ein Licht!" (Hiob 22, 21).

h) Einstellung bei gesundheitlichen Störungen und Leiden

Alles bisher Gesagte trifft naturgemäß in entsprechender Form auch auf Gesundheitsbelastungen zu. Nur werden die Zusammenhänge zwischen Psyche und körperlichen Leiden noch viel zu wenig beachtet. Als Beispiel zwei typische Fälle:

Fall 19:
Betriebsrat, 51, kommt in ein Sanatorium wegen Colitis (Dickdarmentzündung) mit zeitweiligen Blutabgängen. Krebsangst.

Alle bisherigen Behandlungen, auch Klinikaufenthalte, brachten keine Besserung. Der Patient erhält die Darmregenerationskur nach *F. X. Mayr,* auf die er sich schon nach wenigen Tagen sehr wohl fühlt. Auf etwaige Zusammenhänge zwischen psychischen Belastungen und seinen Beschwerden angesprochen, läßt der Mann erkennen, daß er davon nichts hält, wohl, weil er in seiner Einstellung auf Geschwür oder Krebs fixiert ist. Daher wird ihm nur die Möglichkeit der bewußten Autosuggestion aufgezeigt, nicht aber empfohlen.

Anmerkung: Da die bewußte Autosuggestion als aktive, vom Patienten selbst durchzuführende Selbst-Mithilfe nur gut gelingt, wenn er sie freiwillig, von sich aus, anwendet, ist es in jedem Fall völlig verkehrt, jemanden dazu zu überreden, zu zwingen oder zu missionieren! Die Coué-Methode wirkt ja über das Glauben! Wenn jemand von vornherein nicht glauben will, dann soll man ihn ungläubig lassen, da die Methode bei solcher Einstellung nicht helfen kann!

Der oben zitierte Patient hält, wie er sagt, nicht viel von einem Zusammenhang zwischen seiner Psyche und seinem Darm. Da bekommt er einen Anruf von seinem Chef, der ihn übermäßig aufregt. Fünf Minuten später treten heftige Darmkoliken auf, und es folgt ein ganzer Schuß Blut aus dem Darm. Jetzt gehen ihm die Augen über die Zusammenhänge auf. Er wird zum gläubigen Thomas! Nun erbittet er Anweisungen für die bewußte Autosuggestion und Literatur. Mit den entsprechenden Anweisungen erhält er auch zwei Sonderformeln. Die erste, um sich in seiner Arbeit nicht mehr so leicht irritieren und kränken zu lassen:

Selbstvertrauen ist die stärkste Quelle für jedes gute Gelingen

Ich weiß um meinen wahren Wert
Und wirke weiter unbeschwert!

Und um sich gegen den Wirbel im Büro mit seinem Streß und Ärger sowie gegen seinen cholerischen Chef abzuschirmen:

Wirbel (oder Chef) egál!
Ich bleib normál!

Zwei Tage später erhält er wieder einen aufregenden Anruf. Diesmal denkt er sich dabei fortlaufend die Egal-Formel und berichtet: „Durch das ständige Denken des Spruches kam ich mir wie durch eine kugelsichere Glaswand geschützt vor. Die Pfeile gegen mich prallten einfach ab. Ich fühlte mich völlig unverwundbar, zitterte nicht wie sonst, blieb ganz gelassen, wehrte mich gegen einen unberechtigten Vorwurf und gab dem Gespräch eine für mich günstige Wendung. Der Chef mußte sich entschuldigen! Seit diesem Triumph weiß ich um die Macht der Autosuggestion! Jetzt wird sich vieles in meinem Leben ändern! Ich weiß: Ich werde wieder gesund!" Damit war der „‚Austausch der Bilder" vollzogen. Der Patient bekam im Verlaufe der nächsten zwei Jahre nur mehr sehr selten Darmbeschwerden; nach der Wiederholungskur verschwanden sie endgültig.

Fall 20:
Beamtin, 45, geschieden, leidet seit 5 Jahren zunehmend an Herzbeschwerden und Anfällen mit Herzjagen. 3 Aufenthalte in Herzkliniken brachten keine wesentliche Besserung. Trotz zahlreicher Medikamente ist die Patientin nur mehr kaum berufsfähig und sucht ein Sanatorium auf. Dort wird sie erstmals von einem Arzt auf ihre seelischen Probleme angesprochen. Darauf berichtet sie unter heftigem Weinen, daß sie ihren ganzen Lebensinhalt in ihrem einzigen Sohn sehe, der ihr fortlaufend Kummer bereite. So soll er in den Schulen versagt haben, einmal in das Ausland ausgerissen sein und seit seinem 19. Lebensjahr mit einer Freundin irgendwo hausen.

Zunächst wird der Patientin der Zusammenhang zwischen Herz-Leiden und Herze-Leid nahegebracht. Es wird ihr erklärt, daß ihr Sohn die Ursache ihrer Herzstörung sei und daß ihr nur zu helfen wäre, wenn sie ihre völlig verkehrte, ungesunde und sklavische Abhängigkeit von ihrem erwachsenen Sohn aufgebe. Sie müsse sich innerlich abnabeln und sich selbst an Stelle des Sohnes zum Mittelpunkt ihres Lebens machen. Sie müsse sich ein neues Leben aufbauen! Die Patientin erhält neben einer regulierenden *Milden Ableitungs-Kur*[3]) die entsprechenden Anweisungen zur Autosuggestion. Die Wirkung setzt bei ihr gleich nach der Aussprache und der darauf folgenden ersten Anwendung ein! Die Patientin fühlt sich befreiter und schläft danach erstmals seit Jahren tief und traumlos durch. Auch in den nächsten 6 Tagen schläft sie enorm viel, „wie bei der Schlafkrankheit". Nach 2 Wochen schlägt ihr Herz viel ruhiger und kräftiger. Sie selbst verspürt es nur mehr selten und wenig und beginnt mit weiten Wanderungen. In der dritten Woche braucht sie fast keine Herzmittel mehr. Nach 4 Wochen wird sie entscheidend gebessert entlassen. Nach einem Jahr, bei der Wiederholungskur, schwört sie noch auf die Hilfe durch ihre täglich durchgeführten Autosuggestionen. Sie hätte keinen Anfall mehr gehabt und wäre nie mehr im Krankenstand gewesen. Auch die Situation mit ihrem Sohn sei wesentlich verbessert, seit sie ihn innerlich freigegeben habe.

Die Kraft, Berge versetzen zu können, liegt in uns selbst

i) Einstellung zur Lebensaufgabe des Menschen

Wer im Alltag die Sonne der Heiterkeit strahlen läßt, lebt gesünder.

Jeder Mensch besitzt einen Mikrokosmos an Seelenkräften, Trieben, Gewalten und Impulsen in sich. Diese wollen sich alle nach ihrem eigenen „Programm“ verwirklichen. Vielfach streben sie in verschiedenste Richtungen. Sie bekämpfen einander, verbünden sich wieder, lösen einander im Einfluß ab und verursachen die unterschiedlichsten Empfindungen, Gedanken, Bestrebungen und Handlungen. Aus dem ungeheuren Reichtum, aus der bunten Vielfalt aller dieser Kräfte und aus dem möglichen Chaos aller einander entgegengesetzten Bestrebungen in der eigenen Seele ergibt sich die wahre Lebensaufgabe des Menschen.

Sie besteht darin, den Einfluß seiner guten, redlichen, wahrheitsliebenden, gesunden, aufbauenden, hohen Anlagen und Impulse zu fördern und die Rolle seiner minderwertigen, gehässigen, gemeinen, niedrigen, grausamen krankhaften Eigenschaften und Triebe zu verkleinern; ja sogar möglichst zu beseitigen. Wir besitzen die Macht, nicht zum Sklaven oder Spielball aller auf uns einwirkenden Kräfte, Triebe und Versuchungen werden zu müssen. Wir können durch bewußte positive Selbstbeeinflussungen immer mehr Ordnung in unserem Innenleben schaffen und so auch die hohen seelisch-geistigen Kräfte in uns auf den Plan rufen, denen der Mensch sein Bestes verdankt.
Bedenken wir: Nach unseren Anlagen ist in uns Trost und Verzagen, Ordnung und Chaos, Paradies und Hölle. Es liegt in unserer Hand, was wir daraus machen. Es liegt nur an uns, wie wir uns selbst unser Leben und die Welt betrachten. Wir müssen die negativen Erscheinungen wohl erkennen und bei Bedarf darauf reagieren. Aber: Ist unsere Denkart gerade und recht, so wird sie zur Stütze für den Müden, zum Kraftquell für den Leidenden, zum Schutzwall für den Gesunden. Wir dürfen nur nicht erlahmen, in unserem Sehkreis auch stets das Heile und Gute zu erkennen, das Aufbauende zu bejahen, das Erfreuliche dankbar anzunehmen. Unser Leben ist nicht nur eine Gabe, sondern auch eine Aufgabe,

für die es sich lohnt, seine besten Kräfte einzusetzen. Daher werden wir die lieblosen, dunklen, hinabziehenden Einflüsse keine Gewalt über uns gewinnen lassen; wir werden negative Bestrebungen schon in ihren Ansätzen als Gegner demaskieren und uns mit positiven Vorsätzen erfüllen. So schaffen wir die nötige Ordnung in unserem Gedankenleben und fördern die Entwicklung unserer wertvollsten Kräfte.

Wir können uns auch sagen:

„Von heute an sind alle meine Gedanken zuversichtlich ausgerichtet! Ich werde mit „neuen" Augen durch den Alltag gehen, mit denen ich in allem was mir begegnet, sein Gutes, Schönes, Ermutigendes wahrnehme. Ich werde aus allem ein – wenn auch noch so winziges bißchen – Glück herauszuschlagen und zu meinem Glück zu deuten versuchen! So werde ich mit jedem Tage reicher an Lebensmut, Selbstvertrauen und Glauben an meine eigenen höheren Kräfte. Ich weiß, daß ich mein weiteres Dasein noch positiver und sinnvoller gestalten und mich nach dem Vorsatz richten kann:

Jeder Tag – ein guter Tag!

Ich glaube auch die Kräfte zu erfühlen, die *Goethe* in seinem Faust bekennen ließen:

„Ich fühle Mut, mich in die Welt zu wagen,
Der Erde Weh, der Erde Glück zu tragen,
Mit Stürmen mich herumzuschlagen
Und in des Schiffsbruchs Knirschen nicht zu zagen!"

Wie Dein Glaube
so sind Deine Kräfte!

Bô Yin Râ

Daher gehe ich an die Aufgaben des Tages mit der Gewißheit:

Ich kann, weil ich glaube, daß ich kann!

Ich weiß, daß ich es schaffen werde!"

Zusammenfassung der 1. Aufgabe.

Die 1. Aufgabe der bewußten Autosuggestion besteht darin, sich immer wieder klarzumachen, einzuprägen und einzuhämmern:

1. Unser Leben ist vielfach ein Spiegelbild unseres Gedanken- und Vorstellungslebens.
2. Wir müssen nicht von den auf uns einstürmenden Gedanken abhängig sein, sondern können sie so lenken, wie der Polizist den Verkehr an der Straßenkreuzung.
3. Wir sagen jedesmal HALT! – wenn negative Gedanken uns berühren wollen. Wir ignorieren sie, stellen sie kalt, als wären sie nicht vorhanden. Damit erreichen wir, daß schlechte Gedankenbausteine nicht über die Schwelle unseres Bewußtseins gelangen, sondern unbeachtet draußen liegenbleiben, bis sie wie Schemen, die nichts zu sagen haben, aus unserem Gesichtskreis entschwunden sind.
4. Wir können jedes unerwünschte Gedankenthema wie ein unerwünschtes Gespräch verändern, indem wir auf ein erwünschtes Thema übergehen. Wir sollen nie zulassen, daß die Gedanken uns bestimmen, sondern müssen selbst unser Gedankenleben gestalten.
5. Wir können alles unnötige Sprechen über Krankheiten, Ängste und sonstige ungünstige Bereiche grundsätzlich einstellen. Herunterziehende Gesprächsthemen oder Gesprächspartner sind tunlichst auszuwechseln und unnötige negative Auseinandersetzungen zu vermeiden.

6. Wir können unsere persönlichen Schwachpunkte selber entdekken und als Gefahrenbereich für negative Fremd- und Autosuggestionen besser schützen. Unser Nachgeben gegenüber kleinen Verstimmungen, unkontrollierten Emotionen, versteckten neidischen, eifersüchtigen oder gehässigen Empfindungen, können wir in den Griff bekommen. Hypochondrisches Selbstbeobachten oder die „Nabelschau der eigenen Symptome" ist durch bewußte positive Autosuggestionen zu ersetzen.
7. Wir sollen unser Schicksal, wie immer es sein mag, nur bejahen. Nur so können wir unglückliche Entwicklungen zum Besseren wandeln, unserem Dasein Sinn geben und betrübliche Lebenseinstellungen umpolen. Für keinen Menschen gibt es eine gute Entwicklung ohne Glauben an sich.
8. Wir können lernen, Mißgeschicke, Rückschläge, Versager, Erkrankungen als vorübergehende Erscheinungen aufzufassen. Sie vermitteln Erfahrungen und Erkenntnisse, die wir zur Gestaltung einer besseren Zukunft gut gebrauchen werden.
9. Wir können durch positives Denken, Sprechen und Handeln unsere gesunden, wertvollen Anlagen und Seelenkräfte fördern und die Verwirklichung unserer Wünsche erfolgreich vorantreiben. Konsequente positive Einstellung macht uns zu einem „Magneten des guten Gelingens". Dadurch wird „jeder Tag ein guter Tag"!
10. Wir können durch kluges Lenken und Ordnen unseres Gedanken- und Gefühlslebens unsere schöpferischen Kräfte entfalten, die uns die Gabe zu Intuition und höherer Lebensfreude vermitteln.

Es geht mir mit jedem Tag
in jeder Hinsicht
immer besser und besser!

Coué

14. Kapitel

2. Aufgabe: Bewußte Zielgestaltung Vorstellung – Meditation – Imagination

Glaube ist Gestaltungskraft im Geiste. *Bô Yin Râ*

Die 2. Aufgabe besteht in der autosuggestiven Gestaltung eines Wunschbildes. Es ist gleich, ob sich dieses auf Gesundheit, Liebe, Ehe, Beruf, Bestehen von Prüfungen oder auf inneren Neubeginn des Lebens bezieht. Jedermann trägt offene und geheime Sehnsüchte, Hoffnungen, Erwartungen, Pläne in sich. Soweit diese nicht gerade utopische Träume darstellen, sondern sich im Rahmen realer Verwirklichungsmöglichkeiten befinden, können wir ihre Erfüllung von innen her entscheidend vorantreiben. Bloßes Wünschen setzt keine großen Kräfte in Bewegung und vielerlei verschiedene Wünsche zersplittern auch noch diese. Daher ist zunächst ein *„Ordnungschaffen im Wünsche-Haushalt"* als Voraussetzung erfolgreicher Zielgestaltung notwendig.

Der Schüler der Autosuggestion sollte sich darüber klar werden, was ihm überhaupt das wichtigste Anliegen, der Herzenswunsch für seine Zukunft ist. Kann er jedoch keine Antwort darauf finden, dann möge er diese Frage so lange und so oft meditieren, bis er mit sich darüber ganz ins Reine gekommen ist. Sodann möge er im Rahmen der bewußten Zielgestaltung alle Nebenwünsche zurückstellen und sich nur auf sein Hauptanliegen konzentrieren. Dessen Erfüllung ist dann auf allen Ebenen zu betreiben, sowohl durch die entsprechenden äußeren Maßnahmen wie durch bewußte Zielgestaltung. Die letztere läßt sich in drei Intensitätsstufen verwirklichen:

1. durch Vorstellen
2. durch Meditieren
3. durch Imaginieren.

1. Die Zielvorstellung

Jeder, der ein Ziel verfolgt, erhöht seine Erfolgsmöglichkeit, wenn er sich immer wieder ein möglichst klares Bild über sein Ziel verschafft. Wie man ein Fernrohr in seiner Feineinstellung so lange dreht, bis ein scharfes Bild entsteht, das alle Einzelheiten wiedergibt, so möge sich der Schüler das Gewünschte immer genauer in allen Details vorstellen, bis er schließlich anstelle eines verschwommenen unscharfen und vielleicht etwas irrealen Wunschbildes eine sehr klare, präzise und durchaus realisierbare Zielvorstellung gewinnt. Allein schon durch eine solche Übung wird er sich selbst über wesentliche Teilgebiete klarer, findet oft bessere Wege und rückt der Verwirklichung seines Wunsches näher. Dabei darf man es sich aber nicht zu leicht machen und sich schon mit allgemeinen, wenig bildhaften Begriffen wie „gesund", „glücklich", „erfolgreich", begnügen. Man muß das Zielbild, das erwünschte Ergebnis, mit möglichst vielen konkreten Einzelheiten und Begleitumständen so lebendig wie möglich ausschmücken und mit den stärksten Farben ausmalen. Dabei ist die Zielsituation *stets in der Gegenwart vorzustellen, so, als hätte man sie bereits verwirklicht.* Natürlich soll man dabei nüchtern und im Rahmen des durch Naturgesetze abgesteckten Bereiches der realen Erfolgsmöglichkeiten verbleiben. Irreale Träumereien haben mit der autosuggestiven Zielvorstellung nichts zu tun.

Hat man einmal sein Zielbild gestaltet, dann sollte man es mehrmals täglich, wenn auch nur für kurze Momente, sich in Erinnerung rufen und vor „sein inneres Auge" führen. Damit gibt man seinen Gestaltungskräften immer wieder Impulse, das ihnen gezeigte

Ein Bild ist mehr als tausend Worte

Chinesisch

Modell zu verwirklichen. Wenn es an den sonstigen Voraussetzungen nicht mangelt, wird die Realisierung des Vorhabens um so besser gelingen, je klarer und je öfter diese Gestaltungsimpulse gesetzt werden.
Jede *Zielgestaltung ist Vor-gestaltung des Kommenden.* Daher gilt auch für den Kranken:

„Seien Sie mit Ihren Vorstellungen immer(!) beim Ziel (Gesundheit)! Halten Sie sich vorstellungsmäßig ständig im Ziel auf, weil Sie nur von da die äußeren Entwicklungen gut beeinflussen und nachziehen können!" (Siehe auch die 5. Anleitung in „Anleitung zur Autosuggestion".[52])

2. Die Zielmeditation

(Von den beiden Meditationssystemen, den vorstellenden und den vorstellungslosen Systemen, gehört die Zielmeditation der vorstellenden Form an. Das ist verständlich, da sie sich aus der Zielvorstellung entwickelt.) Der Unterschied zwischen Zielvorstellung und Zielmeditation besteht darin, daß man sich bei der Vorstellung allein auf *eine* Kraft, auf die Vorstellungskraft konzentriert. Bei der Meditation hingegen muß man bewußt *zwei* Kräfte zum Wirken bringen: Die *Vorstellungskraft* und die *Empfindungskraft.*

Wer schon die Zielvorstellung gut auszuführen vermag, der kann einen Schritt weitergehen. Zunächst soll er sich bewußt werden, daß er schon beim Vorstellen stets mehr oder minder automatisch alles mitempfindet. Sodann möge er sich üben, diese Empfindung bewußt zu steigern, bis sie sich schließlich zum deutlich verspürbaren Miterleben des Vorgestellten entwickelt. Je stärker dieses Miterleben empfunden wird, desto größer erweist sich der Verwirklichungsgrad der Meditation. (Siehe auch die 9. Anleitung in „Anleitung zur Autosuggestion".[52])

3. Die Zielimagination

Diese geht noch einen Schritt weiter. Hier sind bewußt *drei* Arten von Kräften anzuwenden: Die *Vorstellungs-,* die *Empfindungs-* und die *Glaubenskräfte.*

Durch konsequentes Üben der Zielmeditation wächst die Fähigkeit des Schülers zur Konzentration. Gelingt es ihm außerdem noch bewußt eine hohe Glaubensintensität anzuwenden, dann übt er bereits die wirkungsvollste Form der Selbstbeeinflussung, die hohe Kunst der Imagination aus.

Am Anfang steht hier die Frage, wie man seinen Glauben einsetzen kann, wenn man sich zum Glauben weder zwingen kann noch zwingen darf.

Die Methodik ist einfach und findet sich weitgehend im früher Gesagten beinhaltet. Wir wissen bereits, daß Glaube „Gestaltungskraft im Geiste" ist. Das besagt, daß der Glaube eine gestaltende Kraft ist, die mit den anderen Gestaltungskräften in enger Beziehung und Wechselwirkung steht. Daher regt das regelmäßige Üben der Vorstellungs- und Empfindungskräfte bei der Zielmeditation *automatisch* die Glaubenskräfte zur Mitgestaltung und Mitentwicklung an. Das bedeutet für die Praxis:

Je öfter wir ein Ziel meditieren, desto intensiver gestalten es die mitangeregten Glaubenskräfte mit. Das heißt: Unser Glaube an die Verwirklichung eines Zielbildes wird umso stärker und unsere Glaubenskraft umso höher gespannt, je öfter und je intensiver wir meditieren.

Wer schon erfolgreich meditiert, muß nur noch lernen, seine bereits mitgestaltenden Glaubenskräfte bewußt anzusprechen und ihre Tätigkeit genauso zu steigern, wie er dies bereits mit seinen Vorstellungs- und Empfindungskräften getan hat. Es läßt sich dann gar nicht verhindern, daß aufgrund dieser Übungen Erfolge zutage

---

Ich kann es –
es fällt mir leicht –
ich schaffe es ...

---

treten, die ihrerseits das Glauben an die Zielgestaltungen steigern, ja schließlich bis zu einer schier staunenswerten imaginativen Kraft erhöhen. (Siehe auch die 10. Anleitung in „Anleitung zur Autosuggestion“.[52])

Als Beispiel einer umfassenden Zielgestaltung in Richtung Gesundheit kann man von Zeit zu Zeit, aber auch täglich, eine Konzentrationsübung wie die folgende durchführen. Sie beginnt mit einer allgemeinen Entspannung, weil das Unbewußte im entspannten Zustand aufnahmefähiger ist:

Zielgestaltung zur Gesundung

a) Allgemeine Entspannung

b) Zielvorstellung für die Organe

c) Zielvorstellung für den Gesamtzustand

d) Sprechen der Suggestionsformel

a) Allgemeine Entspannung

Da die günstigste Position für Entspannung individuell verschieden ist, soll jeder *seine* Stellung einnehmen, in der er am besten entspannt. Man setze sich an einen stillen Platz in einen bequemen Lehnstuhl oder lege sich nieder oder bringe sich in eine andere, seine Entspannung fördernde Lage und stelle sich vor:

„Meine Füße, die Unterschenkel, die Oberschenkel bis zu den Hüften, sind wohltuend entspannt, gelöst, locker und frei.
Auch mein Becken und mein Bauch, mit allen zugehörigen Organen, sind angenehm leicht und entspannt, wohltuend und frei.
Mein Brustkorb mit Lungen und Herz, mein Rücken, die Wirbelsäule, mein ganzer Rumpf mit allen seinen Organen, alles ist jetzt ganz locker, auf gesunde Weise völlig gelöst und wohlig entspannt.

Und nun kommen die Hände, Unter- und Oberarme dran, Schultern, der Nacken; und schließlich der Kopf und das Gesicht.
Alles ist jetzt gut gelockert, entspannt, wohltuend und frei. Ich empfinde mich überall, am ganzen Körper, von den Sohlen bis zum Scheitel und vom Scheitel bis zu den Sohlen, ganz ruhig, wohlig, harmonisch, ausgeglichen und entspannt.
Ein wohltuendes Gefühl von Ruhe, Gelassenheit, Gelöstheit, durchdringt meinen Körper, meine Seele, mein ganzes Sein.
Ich fühle mich von großer Ruhe und Harmonie durchströmt und eine lichte Freude erfüllt mein Herz!"

Nun folgt:

b) Zielvorstellung für die Organe

Diese bezweckt ein „Ansprechen der Organe" zu harmonischer Tätigkeit. Da bei Krankheitsprozessen nie etwa nur ein Organ schlecht funktioniert, sondern in Wirklichkeit alles zusammenhängt, empfiehlt sich zuerst ein allgemeines Programm:

„Alle meine Organe arbeiten gut!
Mein Herz schlägt normal, mein Kreislauf ist ausgezeichnet. Die Lungen arbeiten gut, die Atmung vollzieht sich leicht und frei.
Mein Magen, mein Darm, meine Leber, Gallenblase, Bauchspeicheldrüse, Nieren und Blase, meine Hormondrüsen und sonstigen Drüsen wie überhaupt sämtliche Organe des Organismus, alle Gefäße und Gewebe, auch das Blut und die übrigen Körpersäfte, kurz, alle Teile meines Körpers funktionieren ganz normal, harmonisch und völlig gesund!

Ruhe, Gelassenheit, Gelöstheit durchdringen mein ganzes Sein

Vor meinen Essenszeiten stellt sich ein angenehmer, kräftiger, gesunder Appetit ein. Ich werde stets gerne, aber mit Mäßigkeit essen. Ich werde jeden Bissen lange und gründlich kauen und daher auch meine Nahrung gut verdauen. Ich werde aus ihr viel Kraft und Energie gewinnen und alles Unverdauliche rechtzeitig ausscheiden.
Ich werde jede Nacht tief, still und ruhig schlafen und mich beim Erwachen froh, frisch, frei und gesund fühlen.
Alle Aufgaben des Tages werde ich in einem guten Zustand, erfolgreich und zur Zufriedenheit von mir und meiner Umwelt erfüllen."

Sodann stelle man sich in seiner Phantasie seine erkrankten oder gestörten Organe in gesunder Form vor. Z. B.:

das gebrochene Bein, wie es wieder zu gehen, zu laufen, zu springen vermag; oder
den kranken *Magen*, wie er wieder heil und voll Appetit das Essen gut verarbeitet und weiterleitet; oder
das geschwächte *Herz*, wie es wieder gleichmäßig, ruhig-rhythmisch, mit Leichtigkeit und Kraft alles Blut weiterbewegt; oder
die angeschlagenen *Nerven,* wie sie entkrampft, geglättet, neu gestärkt und durch nichts aus der Ruhe zu bringen sind usw.

Die hier zu vollziehende Übung besteht im *Austausch der Bilder!* Das innerlich vorhandene Bild des kranken Körperteils muß durch sein gesundes Gegenbild ersetzt werden. Zumindest für die Zeit der weiteren Übung herrscht nur mehr das ausgetauschte gesunde Bild. Auch nach der Übung darf das gesunde Bild nicht mehr vergessen, sondern soll immer wieder in Erinnerung gerufen werden.
Daraufhin kann man seinen Bildekräften eventuell noch ein weiteres Modell vorstellen:

c) Zielvorstellung für den Gesamtzustand

Man forme von sich als Person das gesundheitlich beste Bild, das man sich im Rahmen seiner Möglichkeit noch ausmalen

kann. Man sehe sich selbst vor seinem inneren Auge, wie vor einem Spiegel stehend: strahlend, fröhlich, kraftvoll und gesund.
Man beobachte sich, bestimmte Leistungen spielerisch zu vollbringen (die vielleicht im Augenblick gar nicht gelingen).
Man bilde sich ein, mit besonderer Freude und Energie beruflich tätig zu sein, erfolgreich zu arbeiten, aber auch wunderbar zu leben und dieses Leben zu lieben.
Man stelle sich vor, wie man in diesem erfreulichen Zustand seinen Arzt aufsucht und wie dieser mit dem eingetretenen Heilerfolg und allen Befunden hochzufrieden ist. Man erkenne seine Gestik und höre seine Stimme, wie er sich lobend über den nun eingetretenen guten Gesundheitszustand äußert. Man formuliere auch die eigenen Worte, mit denen man sich für die ärztliche Hilfe bedankt, und wie man stolz-erfreut den Bekannten antwortet, die sich nach dem Befinden des Genesenen erkundigen. All dies kann sich wie eine Szene im Theater abspielen, wie ein Film aus dem Leben, innig miterlebt und mitempfunden von der eigenen Seele.
Mit dem ,,Hauptdarsteller" aber, mit dieser wiedergeheilten, Gesundheit ausstrahlenden Person, muß man sich bewußt identifizieren: *,,Das bin ich!"*

d) Sprechen der Suggestionsformel

Sodann sage man sich noch die Zentralformel von *Coué* 20 mal hintereinander halblaut vor:

Es geht mir mit jedem Tag – in jeder Hinsicht – immer besser und besser!

Gesundheit vorstellen heißt sie grundlegend fördern

Zum *Abschluß* atme man mehrmals tief aus und ein, strecke und recke sich fröhlich und kräftig nach allen Seiten hin und beende damit – bewußt gut gelaunt und heiter die Übung.
Selbstverständlich kann man Teile dieser großen Zielmeditation weglassen oder kann auch andere Vorstellungen, je nach Bedürfnis einblenden. *Coué* hat bei seinen Suggestionen zu Heilzwecken unter anderem auch die folgenden Zielgebiete angesprochen[1]):

„Wenn Sie bisher sich selbst gegenüber ein gewisses Mißtrauen empfunden haben... wird an seine Stelle Selbstvertrauen treten ... und dieses Vertrauen gibt Ihnen die unerschütterliche Gewißheit: alles, was Sie beginnen wollen, vorausgesetzt, daß es vernünftig ist, werden Sie gut, ja sogar vortrefflich ausführen.
Die Ausdrücke: schwierig, unmöglich, es geht nicht, ich kann nicht dagegen an, ich kann nicht anders, sind ein für allemal aus Ihrem Wörterbuch zu streichen. Es sind schwächliche, zaghafte Worte. Ihr Vokabular muß heißen: Es ist leicht, ich kann es ...!
Mit einem Worte, ich will, daß Sie in jeder Hinsicht, sowohl körperlich wie seelisch, sich einer vortrefflichen Gesundheit erfreuen, einer besseren Gesundheit, als Sie Ihnen bis jetzt gewährt war ..."

Der Austausch der Bilder

Wenn eine technische Erfindung gebaut werden soll, muß sie zuerst in den Vorstellungen ihres Schöpfers Gestalt annehmen. Er muß sie erst in Gedanken, dann auf dem Reißbrett und zuletzt in der Werkshalle ausarbeiten. Ohne diese innere Vorarbeit, ohne dieses schöpferische Denken, Gestalten und Bauen kann kein Werk entstehen! Das Ergebnis ist schließlich ein Spiegelbild des vorher geschaffenen inneren Bildes seines Schöpfers. Auch zur Heilung einer Störung ist das entsprechende Ordnungs- oder Heilbild nötig, um anstelle der Herrschaft der bisherigen Fehlbilder mit ihren Fehlsteuerungen die Ordnung wieder herzustellen. Dies ist nicht immer leicht, da sich die in jedem Kranken regierenden

Krankheitsbilder oft schon jahrelang tief in das Unbewußte eingewurzelt haben. Daher bedarf es der ausdauernden und immer wieder wiederholten Zielbildgestaltung, bis sich die Bilder der Schwäche, Minderwertigkeit und Hoffnungslosigkeit durch Heilbilder austauschen lassen.
Bei der Gestaltung des Ordnungsbildes hat man sich jedes Gedankens zu enthalten, wie weit man noch von der Realisierung des Zieles entfernt sein mag oder ob man es überhaupt jemals erreichen werde. Die Aufgabe besteht ja nicht in einer Bestandsaufnahme der augenblicklichen Situation oder in einer Feststellung der erkennbaren Erfolgschancen, sondern „nur" im *Austausch der Bilder!*

Wir sollen bedenken:
Es geht um die Modellgebung für den erwünschten weiteren günstigen Verlauf! Es geht um die Ausrichtung und Programmierung der gestaltungswilligen Kräfte des Unbewußten auf das vorgegebene Ziel!

Man bedenke, wie viele Menschen trotz schwerster Unfälle und Erkrankungen, oft bei fast hoffnungslosen Prozessen, auf wunderbare Weise wieder ganz heil geworden sind; und wie viele Leidende, die in ihrer Jugend und später ständig gekränkelt haben, durch bewußte oder unbewußte positive Autosuggestion mit den Jahren so fest, stabil und kraftvoll geworden sind, daß sie von ihren sogenannten gesunden Mitmenschen nur mehr bewundert oder beneidet werden. Die klaren Zielvorstellungen tragen zu solchen großartigen Wandlungen Entscheidendes bei. Dies gilt nicht allein bei Heilvorgängen, sondern auch bei sämtlichen Lebensabläufen!

Ich werde mich einer besseren Gesundheit erfreuen als sie mir bisher gewährt war Coué

Fall 21:
Schauspielerin, 50, berichtet, daß ihr im Alter von 15 Jahren von einer Zigeunerin geweissagt wurde, daß sie eine große Schauspielerin, glücklich heiraten, 2 Kinder und Vermögen bekommen werde. Im mittleren Alter stünde ihr jedoch ein schwerer Unfall bevor und ein Jahr später ihr Tod. Erstaunlicherweise traten alle Vorhersagen präzise ein, und als sie noch dazu im 45. Lebensjahr einen schweren Autounfall erlitt, glaubte sie felsenfest an baldiges Sterben. Da wandte sie sich in ihrer Verzweiflung an einen weisen Mann. Dieser riet ihr, große und weitreichende Pläne zu hegen, und sich täglich zur gleichen Zeit in einer stillen Stunde meditationsartig vorzustellen, wie sie noch in hohen Jahren vollgesund auf der Bühne stehen und erfolgreich auftreten werde. Dann würde sie zur kritischen Stunde kaum mehr als einen „Schnupfen" bekommen.
Tatsächlich überstand die Schauspielerin die seelisch und körperlich schwer belastende Zeit erstaunenswert gut. Ihre Meditationen hatten ihr so geholfen und ihr Leben so grundlegend bereichert, daß sie diese auch nach der kritischen Zeit weiterhin durchführte. Als sie sich nach Jahren bei dem Weisen für seine Hilfe bedankte, meinte er lächelnd, daß das Leben wie ein Teppich sei, der ununterbrochen gewoben werde. Durch langfristige Vorplanung könne man selbst mitwirken, ein schöneres Lebensmuster zu entwerfen und unnötige „Webfehler", wie bestimmte Störungen, verfrühtes Altern und vorzeitiges, vermeidbares Sterben zu verhüten. –

Für Menschen, die nach seelisch-geistiger Entwicklung streben, beschreibt *Bô Yin Râ* die Meditationsform der *„Festesfreude*[25]). Bei dieser hat sich der Suchende eine „Feierstunde der Seele" zu bereiten, indem er sich das seelisch reinste, größte, schönste und edelste Bild eines Menschen, das noch in der Gewalt seiner Vorstellungskraft beschlossen liegt, zu gestalten hat. Mit diesem Idealbild soll er sich identifizieren. Während dieser Meditation habe er alle seine Mängel zu vergessen, aus der Erkenntnis heraus, daß sich im Alltag noch genügend Zeit anbieten werde, in der er alles etwaig Versäumte an Selbstkritik nachholen könne.

Denn: Eine Versenkung in das Bild der eigenen Mängel mache keinen Menschen besser: „Besser wird nur der Schaffende, der, nach der Erkenntnis seiner Fehler, aus sich selbst sein Idealbild schafft und diesem dann stets mehr und mehr sich anzugleichen strebt“[25]).
Die beschriebene Identifikation mit einem selbst geschaffenen Zielbild stellt einen Akt des Glaubens dar. Man muß glauben lernen, sich in Richtung seines Zielbildes zu entwickeln, um schließlich diesem immer ähnlicher zu werden.
Für diesen Glauben, der als „sanfte“ Vorstellung beginnt und schließlich die steinharte Materie in Bewegung setzt und bezwingt, gilt das bildhafte Wort aus dem Tao te king[42]):

„Der weiche Halm durchbricht die harte Erde!“

Man stelle sich etwa die zarten Knospen der Schneerose vor, wie sie zu Frühlingsbeginn in gebirgiger Gegend die harten, eisig gefrorenen Erd- und Schneedecken durchbrechen und sich dann siegreich den Sonnenstrahlen eröffnen. Beim Menschen ist es der Glaube, der auch den härtesten Widerstand bezwingen und das größte Hindernis überwinden kann. Alle Zielvorstellungen gewinnen um so mehr an Wirksamkeit, je mehr man sie übt. Erst die wiederholte Inanspruchnahme der Bilde- und Glaubenskräfte dieser Kräfte macht sie groß und mächtig. Sämtliche Fähigkeiten des Menschen werden nur durch stete Anwendung entfaltet. Dies gilt auch für alle mit dem Überbewußten zusammenhängenden Fähigkeiten, für die schöpferische Phantasie und Kreativität, für Inspiration, Intuition und die hohen Glaubenskräfte. Sie steigern die Zielvorstellung zur Imagination, d.h. zum Er-glauben oder

*Bist Du krank, dann
er-glaube Dir Deine Gesundheit . . .*

Bô Yin Râ

„geistigen Bauen". Und dies ist das geistige Schaffen des Urbildes dessen, was kommen wird. Es ist die wirksamste innere Waffe zur Verwirklichung eines Zieles!

In diesem Sinne rät *Bô Yin Râ*[6]):

„Bist Du krank, dann er-glaube Dir Deine Gesundheit, und wenn Dein Körper noch zu retten ist, dann werden die Ärzte, denen Du Dich vertraust, Dir dankbar für Deine Hilfe zur Genesung sein!"...
„Bist Du in materieller Not, so ‚erglaube' Dir materielle Hilfe, und höre nicht auf, Deinen Glauben mit allen Mitteln lebendig und wirksam zu erhalten, bis Hilfe eingetroffen ist"...
„In jeder Sorge, in jeder Art Not, gilt dieses gleiche Verfahren"...
(wobei aber gleichzeitig, immer und ausnahmslos, auch alle äußeren Hilfsmöglichkeiten in Anspruch genommen werden müssen! Siehe Seite 189!)

Die Zielgestaltung zeigt nicht nur in ferner Zukunft ihre Auswirkung, sondern bei richtiger Ausführung zum Teil auch sofort. Wer einmal das Gesicht eines religiösen Menschen nach einer Andacht oder den Ausdruck eines Musikliebhabers nach einem erhebenden Konzert betrachtet, der wird eine Veränderung des Antlitzes erkennen: Es ist entspannt, geglättet, harmonisiert, oft wie verklärt, veredelt, die Augen strahlen. Bei diesen Personen hat sich aber nicht allein das Gesicht verändert! Das Gesicht spiegelt ja nur Vorgänge im Inneren des Menschen wieder, wie die Zeiger der Uhr nur den Vorgängen im Uhrwerk Ausdruck verleihen. Das positiv veränderte Gesicht verrät, daß sich nun das Seelische und das Körperliche, zumeist eine ganze Serie von Organen, entsprechend dem Gesicht entkrampft, entspannt, harmonisiert haben. Ihr Zustand wurde günstig beeinflußt! Da die autosuggestiven Heilvorstellungen sowohl auf den Allgemeinzustand wie auf die schwächsten Bereiche des Organismus einwirken, können ihre sofortig auftretenden Auswirkungen dementsprechend intensiver sein! Die langfristigen Auswirkungsmöglichkeiten des Glaubens an sich mag wieder ein aus der Presse entnommenes Beispiel aufzeigen:

Fall 22
Eine amerikanische Sportlerin war in ihrer Kindheit an spinaler Kinderlähmung erkrankt. Sie konnte sich durch Jahre nur mit Beinschienen mühsam fortbewegen. Ihr erstes Ziel war die Wiedererlangung der Gehfähigkeit. Als ihr dies durch größten inneren und äußeren Einsatz weitgehend geglückt war, zielte sie auf das Mitmachenkönnen beim Ballspiel, und später beim Sport, und sodann beim Lauf und beim Rennlauf! Schließlich wurde sie Spitzenläuferin und errang bei den olympischen Spielen 1960 in Rom 3 Goldmedaillen für ihr Land. Ohne stete innere Vorplanung ihrer jeweiligen Ziele, und ohne ihren Glauben an Sieg, hätte dies die „schwarze Gazelle", *Wilma Rudolph,* niemals erreicht!

Zusammenfassung der 2. Aufgabe

Die 2. Aufgabe der bewußten Autosuggestion besteht im Austausch der inneren Bilder. Dazu gehören die folgenden 10 Punkte:

1. Wir stellen uns das von uns erstrebte Ziel so klar und realistisch wie möglich vor.
2. Wir schmücken es mit vielen Einzelheiten und Begleitumständen aus und versetzen es in die Gegenwart, als ob es bereits verwirklicht wäre.
3. Wir wiederholen es regelmäßig auf einige Minuten, morgens nach dem Erwachen und abends vor dem Einschlafen, am besten in Kombination mit dem Vorsagen der Zentralformel (s. später!).
4. Allen Zweifeln und Fragen, wie weit wir noch von der Erreichung des Zieles entfernt sind und ob wir überhaupt dorthin gelangen, rufen wir sofort ein „HALT!" entgegen und erfüllen uns umso vertrauensvoller mit unserem Bild.
5. Ebenso treten wir der Ungeduld entgegen. In ihr lärmt der Zweifel! Ungeduld ist auch Kraftvergeudung! Bildgestaltung aber steigert die Fähigkeit zur inneren Sammlung und Konzentration.

6. Mit zunehmender Übung gestaltet, empfindet und erlebt man immer deutlicher in sich die Verwirklichung seines Bildes („Vor-fühlen“ nach *Goethe*).
7. Der Kranke muß in seinem Vorstellungsleben immer beim Ziel (Gesundheit) sein. Zielgestaltung ist inneres Vor-gestalten des Kommenden!
8. Wir machen uns aller auftauchenden negativen oder fragwürdigen Bilder sogleich bewußt und tauschen sie gegen positive aus. Dieser Austausch ist grundlegend geglückt, wenn wir von zweifelnden, ängstlichen oder sonstwie ungünstigen Bildern ganz frei geworden sind. Der Erfolg ist dann nicht mehr weit!
9. Stetes Üben entfaltet unsere Fähigkeit der Kreativität, Inspiration, Intuition und Imagination. Dadurch können sich unsere Glaubenskräfte bis zur Macht des geistigen Bauens oder Er-glaubens steigern.
10. Die 4 Stadien einer umfassenden Zielgestaltung für die Gesundheit sind:
    a) Entspannen des Organismus
    b) Ansprechen der Organe auf gutes Funktionieren
    c) Vorstellen eines allgemeinen Gesundheitsbildes mit Identifikation
    d) Sprechen der Zentralformel von *Coué*.

15. Kapitel
3. Aufgabe: Anwendung der Zentralformel von Coué

Die immer wieder in eintöniger Weise ohne jede Willensanstrengung vorgesagten Worte dringen ganz mechanisch in das Unbewußte ein. Dr. med. *G.Lucci*

Das Herzstück der *Coué-Methode ist die Anwendung der Zentralformel. Es ist dies die am leichtesten auszuführende Aufgabe der bewußten Autosuggestion. Bei vielen Personen erweist sie sich auch als die wirkungsvollste Aufgabe. Es sollen deshalb jedoch in keinem Fall die beiden anderen Aufgaben vernachlässigt werden.*

Bei richtiger Durchführung dringen die vorgesagten Worte der Formel in das Unbewußte ein und erzielen oft schon bei der ersten (!) Anwendung die entsprechende Wirkung. Oft dauert es jedoch länger, bis die Gegeneinreden des kritischen Verstandes, jener „Kettenhunde vor der Tür zum Unbewußten", verstummt sind. Erst von diesem Augenblick an können die Suggestionsworte ungeschmälert vom Unbewußten angenommen und geglaubt werden. Von diesem Augenblick an macht sich der unbewußte Helfer in uns, machen sich die Gestaltungs- und Verwirklichungskräfte an die vorgegebene Arbeit. Es ist dann gar nicht anders möglich, als daß sie im Rahmen der naturgesetzlichen Möglichkeiten zu den entsprechenden guten Ergebnissen führen. Die Formel

Es geht mir mit jedem Tag
in jeder Hinsicht
immer besser und besser!

muß zumindest so lange angewendet werden, bis sich der Erfolg endgültig eingestellt hat.

Nachts, knapp vor dem Einschlafen und morgens, unmittelbar nach dem Erwachen, also in den Zeiten zwischen Tag und Traum, sind die Türen zum Unbewußten am wenigsten von den Wächtern des kritischen Verstandes verstellt und somit am leichtesten zu öffnen. Tunlichst zu diesen Zeiten schließe man die Augen, versetze sich in Gedanken in die Nähe des Menschen, der einem die *Coué*-Methode überzeugend nahegebracht hat oder erinnere sich an die Verwirklichungsmacht von Gedanken und Worten. Sodann flüstere man halblaut 20mal den Suggestionssatz vor sich her:

Es geht mir mit jedem Tag – in jeder Hinsicht – immer besser und besser!

Diese Worte sind ohne jede Anstrengung, ganz leicht und wie selbstverständlich, auf möglichst schlichte, kindliche Art, langsam, monoton, litaneiartig und wie ein Sing-Sang vorzusagen. Man soll sich nicht bemühen, sich darauf zu konzentrieren; man darf sich nicht zur Aufmerksamkeit zwingen und braucht nicht an den Inhalt der Formel zu denken. Nie darf dabei eine Willensanspannung erfolgen! Wer dem Inhalt der Worte trotz seiner Wiederholung leicht zu folgen vermag, der möge es tun; wer sich aber während des Aufsagens verschiedene andere Dinge durch den Kopf gehen läßt, der macht es auch richtig und wird gute Wirkung erzielen. Er muß es nur so laut sprechen, daß die Ohren die geflüsterten Worte hören und verstehen können.
Das gesprochene und das gehörte Wort wird vom unbewußten Helfer aufgenommen, auch wenn man dabei an etwas anderes denkt!
Die drei goldenen Worte des Satzes: *in jeder Hinsicht* bedeuten, daß sich die Formel auf alles bezieht und alles mit einschließt, was für unser Wohlergehen wichtig ist: Das Seelische, das Körperliche, das Zwischenmenschliche, das Berufliche, das Wirtschaftliche usw. Es genügt zu wissen, daß die Formel praktisch für alles

gut ist, so daß wir die weitere innere Arbeit getrost den inneren Gestaltungskräften überlassen können. Sie werden dann in Richtung *besser und besser* wirken.

Konzentrationshilfe Kugelkette

Ein nicht unbedingt erforderliches, aber sehr interessantes und bewährtes Hilfsmittel ist eine Schnur mit 20–30 oder 60 Knoten oder Kugeln oder Perlen usw. Damit läßt sich die Botschaft vom Bessergehen ungestört vom ablenkenden Abzählen und somit müheloser und unmittelbarer dem Unbewußten übermitteln. Bei 20 Kugeln läßt man pro Formel je 1 Kugel (bei 60 Kugeln pro Absatz 1 Kugel) von Hand zu Hand weiterwandern. Dies verhindert gedankliches Abschweifen und fördert die Konzentration, das Verbleiben „bei der Sache". Vor allem aber steigert das Zusammenwirken von Sprechen, Hören, Tasten und manuellem Mitmachen im Takt der Worte die Tiefenwirkung auf die unbewußten Gestaltungskräfte. Es kommt zu einer Suggestionsverstärkung durch *unterschwellige Zusatzsuggestion.*

Was ist eine unterschwellige Suggestion?

Es ist eine Suggestion, die den kritischen Verstand überlistet, ihn ausschaltet oder umgeht und dadurch unbehindert den Zugang zum Unbewußten findet. So hat man z.B. im Fernsehen einen Werbetext so schnell ablaufen lassen, daß davon nur ein unklares Flimmern und kein klarer Inhalt wahrzunehmen war. Aber das Unbewußte der Zuseher hat den Text aufgenommen, was durch einen deutlich gesteigerten Absatz des Werbeproduktes eindeutig

Es geht mir mit jedem Tag
in jeder Hinsicht
immer besser und besser!

festzustellen war. Diese unterschwellige Werbung zeigte auch viel bessere Resultate als die mit lesbarem Text.

Eine andere unterschwellige Suggestionsform wendet solche phantasievolle irreale Texte und Bilder an, daß der kritische Verstand damit einfach überfordert und „mundtot“ gemacht wird. Was sollte er auch sagen bei: „Tu den Tiger in den Tank – der weiße Riese – Seele baumeln lassen – der Duft der großen weiten Welt“ usw. Das alles ist ganz einfach kompletter Blödsinn, mit dem der Verstand nichts anfangen kann. Er weiß auch nichts dagegen vorzubringen, so daß die Suggestion ungehindert-ungefiltert in das Unbewußte eindringt und die erwünschte Reaktion hervorruft.

Dies gilt auch für das manuelle Spiel mit seinem Erfühlen, Ertasten, Ergreifen und Weiterreichen von Kugel zu Kugel. Es verlagert das Gedankenthema auf die rhythmische Tätigkeit und Wahrnehmung der emsigen Finger, entzieht dem kritischen Verstand die Gelegenheit zu stören und läßt dadurch die Botschaft vom Bessergehen ungestört dem Unbewußten übermitteln. Es kommt zu einer vertieften Entspannung und einem vermehrten Gefühl der Befriedigung, die Aufgabe, auch mit den Fingern verspürbar, gut zu bewältigen. Dies ist vor allem für kritisch betonte Personen wertvoll. Je kritischer der Verstand, je ausgeprägter die Kritiklust, desto hilfreicher ist die Kugelkette.

Nach Dr. *A. Strauss*[53]) entsteht, wenn man nur mit Daumen und Zeigefingern „bewußt“ jede einzelne Kugel erfaßt und weitergehen läßt, in den Händen schließlich ein leichtes Schweregefühl, das einen entspannenden Abfluß von Nervenströmen aus dem Gehirn in die Finger anzeigen soll. Hier findet sich eine Parallele zu verschiedenen Hand- und Näharbeiten, wie Stricken usw., die bekanntlich enorm ausgleichend, entspannend und harmonisierend wirken. Auch das *Einschlafen* läßt sich damit fördern. Wer nach Anwendung der Kette nicht einschlafen kann, der möge nun, ohne zu sprechen, das Spiel mit der Kette fortsetzen, bis sich der Schlaf einstellt. Wenn sich dabei aber störende Gedanken aufdrängen, dann ist im Moment des Aufdrängens ein stärkerer Druck auf die Kugeln auszuüben, bis die Gedanken abziehen, die übererregten Hirnströme in die Finger abfließen, das Hirn „leerer“ wird und schließlich der Schlaf die Tätigkeit der Finger unterbricht.

Die Verwendung des Rosenkranzes bei Katholiken, der Gebetskette bei Buddhisten und Tibetanern, der Tesbih-schnur und anderer ähnlicher Mittel hat sich seit altersher als Hilfe zur Förderung der Konzentration bewährt.

Konsequenz und Ausdauer

Wer sich aus freiem Willen dazu entschließt, die Zentralformel von *Coué* anzuwenden, der wird früher oder später erkennen, daß seine inneren Gestaltungskräfte bereits an der Verwirklichung des Formelinhaltes tätig sind. Was das Unbewußte alles zu erreichen vermag, hängt von der Konsequenz, der Ausdauer und vom Rahmen der individuellen Möglichkeiten des einzelnen ab. Diese Möglichkeiten sind durch Naturgesetze begrenzt, wozu *Coué* meinte, daß man „alles, was menschenmöglich ist, erreichen“ könne. Dazu fügte er hinzu, daß er selbst oft nicht wisse, wo jeweils die Grenze der Möglichkeit liege.

Entscheidend ist die regelmäßige konsequente Anwendung. Wenn man sich schon aus freien Stücken zur Durchführung entschlossen hat, möge man vor sich keine Ausreden gelten lassen, keine Müdigkeit vorschützen, keine Ausnahmen oder Selbstentschuldigungen zulassen. Tägliches Üben ist hier genauso wichtig wie beim Erlernen eines Musikinstrumentes. *Coué* erklärte[1]):
„Gib einem Neuling ein Gewehr in die Hand, mit der Weisung,

Es geht mir mit jedem Tag
in jeder Hinsicht
immer besser und besser — *Coué*

das Zentrum einer Zielscheibe zu treffen. Bei ihm wird anfangs kaum eine Kugel ins Schwarze gehen.
Gib das gleiche Gewehr einem geübten Schützen, und fast alle Schüsse werden Treffer sein, weil er mit dem Gewehr umzugehen weiß. Genauso stellen sich die Erfolge der Autosuggestion um so sicherer ein, je besser man mit diesem Werkzeug umzugehen gelernt hat."
Übung macht den Meister, und nur der stete Tropfen höhlt den Stein. Mit Ausdauer höhlt er sogar den härtesten Stein!

Lambert[19]) schreibt: „Wie wir uns morgens an- und abends auskleiden, genauso müssen wir den Satz vor uns hinsagen: Es geht mir mit jedem Tag – in jeder Hinsicht – immer besser und besser! Dies muß also regelmäßig zum An- und Auskleiden gehören; wenn es aber so weit ist, haben wir gesiegt!"

Bei regelmäßiger Anwendung tritt bei jedem Schüler der Autosuggestion, bei dem einen früher, bei dem anderen später, der Moment ein, in dem die Hemmung durch den Verstand verschwindet und er die Formel ganz annimmt und an sie *glaubt.* Dann aber, da der Glaube unsere stärkste schöpferische Kraft ist, der unsere besten und treuesten Diener bedingungslos Folge leisten, kann die Wirkung einfach nicht ausbleiben. Doch auch nach Eintritt des erwünschten Erfolges soll man weitermachen, da jeder neue Tag neue Aufgaben und Probleme bringen kann, die man gerade mit der Hilfe des Unbewußten besser meistern wird. Nach *Coué* soll man sich den Glauben an gutes Gelingen täglich neu festigen und stärken, solange man lebt. Da bewußte Autosuggestionen sowohl heilende wie auch vorbeugende Wirkungen entfalten können, erklärte Dr. *Lucci*[24]):

„Wie lange braucht man, um sich ein Bein zu brechen? Sie gleiten aus und brechen ein Bein in einigen Sekunden! Jede gelungene Autosuggestion ist eine Art vermiedenen Beinbruches in körperlichem und seelischem Sinne! Und sie kostet nur einige Minuten am Morgen und am Abend. Wir bekommen jeden Tag schädliche Suggestionen, die wir durch bewußte Autosuggestionen wieder zerstören...!"

Vielen Kranken bereitet die Anwendung der Zentralformel Schwierigkeiten, weil sie derart unter Beschwerden leiden, daß sie eher das Gegenteil des vorgesagten Satzes empfinden: Sie fühlen sich mit jedem Tag schlechter und schlechter. Aber auch bei ihnen ist die Formel angebracht. Sie müssen nur wissen, daß der Satz keine Aussage für den augenblicklichen Zustand darstellt, sondern eine Programmierung für die kommenden Stunden bis zur nächsten Anwendung. Die helfende Kraft in uns, in diesem Falle der innere Arzt, wird ermutigt und angefeuert, im Rahmen seiner – vielleicht im derzeitigen Zustand noch eng gesteckten – Grenzen, sein Bestmögliches für uns zu tun. Bei langwierigen fortgeschrittenen Krankheits- und Degenerationsprozessen besteht dieses Bestmögliche zunächst oft nur darin, die Progredienz, d.h. das unaufhörliche Schlechterwerden des Leidens aufzuhalten. In einer weiteren Etappe kann dann, soweit nicht irreparable organische Schäden vorliegen, eine Rückbildung bis zur eventuellen Heilung im Rahmen der naturgegebenen Möglichkeiten des Kranken liegen. Es entspricht der Natur vieler Leiden, daß sie sich durch Jahre und Jahrzehnte allmählich entwickeln, so daß sie sich in fortgeschrittenem Zustand auch nicht von heute auf morgen rückbilden können.
Bei vielen Schülern der bewußten Autosuggestion mag sich oft als Folge ihrer Tätigkeit ein erster Erfolg eingestellt haben. Das Fortschreiten des Leidens wurde gestoppt. Aber in diesem Stadium verspürt man selbst noch unverändert die bisherige Pein und

Es geht mir mit jedem Tag
in jeder Hinsicht
immer besser und besser!

übersieht zu leicht das *Ausbleiben der weiteren Verschlechterung!* Aus diesem Grunde hat schon mancher zu früh aufgehört – zu seinem größten Schaden!
Da man sich nicht alles mit einem Male merken kann, ist es sehr wichtig, diese Schrift und die ergänzende „Anleitung zur Autosuggestion“[52]), die die Technik der Methode behandelt, wiederholt zu lesen. Auch das Anhören von suggestiven Schallplatten oder Tonkassetten[34]) ist für viele hilfreich. Das gilt ebenfalls für den Besuch von Veranstaltungen und Seminaren, wie sie verschiedene *Coué*-Vereinigungen abhalten.

Im allgemeinen verspürt der Schüler der Autosuggestion schon bald, wie ihn einige Schwächen, Fehler, Mängel verlassen. Anfangs bäumen sie sich vielleicht noch auf und zeigen ihm, wie sehr sie ihn schon in ihrer Gewalt hatten. Aber dann erlebt er bald, wie ein leises gewisses Lustgefühl entschwindet, das sich mit diesen Fehlhaltungen verbunden hat. Die innere Freiheit und das Lebensgefühl wachsen und die inneren Gestaltungskräfte wirken daran, die Dinge des Lebens im Sinne der Botschaft zum Besseren hin voranzutreiben. Immer aber gilt das Wort von *Goethe:*

Es ist nicht genug zu wissen, man muß auch anwenden.
Es ist nicht genug zu wollen, man muß auch tun!

16. Kapitel

Anwendung anderer Suggestionsformeln

Da die Zentralformel von *Coué* mit den Worten *„in jeder Hinsicht"* eine große Wirkungsbreite besitzt, kommt ihr viel mehr Bedeutung zu, als allen Sonderformeln für spezielle Gebiete. *Coué* selbst hat nur seine Zentralformel und die Weg-Suggestion (Seite 170) anwenden lassen und keine anderen Sätze benötigt. Es gibt aber durchaus Situationen, in denen Sonderformeln zweckmäßig sind. Man kombiniert sie dann mit der Zentralformel (siehe später!). Bei der Auswahl eines Suggestionssatzes sind nur positive Begriffe zu verwenden. Demnach soll ein Magenkranker nicht sagen: „Mein Magen tut nicht mehr weh!", da „nicht" und „weh" negative Begriffe sind. Verkehrt wäre auch: „Mein Magen ist in bestem Zustand!", solange handfeste Beschwerden die Glaubhaftigkeit dieser Aussage verhindern. Ebenso ist die Formel ungeeignet: „Mein Magen wird immer besser und besser!", weil sie nicht in der Lage ist, das Unbewußte zur *sofortigen* gläubigen Übernahme des Auftrages zu bewegen. Der Magen soll zwar besser *werden,* heißt es, aber wer weiß wann?! Geeignet ist hingegen der Satz:

„Mein Magen ist strömend warm und verdaut immer besser!"

Sobald der kritische Verstand müde wird, etwaige Widersprüche gegen diesen oftmals vorzusagenden Satz vorzubringen, in diesem Augenblick, der früher oder später, aber mit aller Sicherheit eintritt,

Es geht mir mit jedem Tag
in jeder Hinsicht
immer besser und besser!

übernehmen die Gestaltungskräfte des Unbewußten den Auftrag. Die Formel beginnt zu wirken! Der Kranke wird vielleicht zunächst ganz unwillkürlich langsamer essen, besser kauen, bestimmte Speisen bevorzugen und andere vermeiden. Er wird ganz ohne Willensanstrengung Änderungen einführen, die zur Gesundung seines Magens beitragen und ihn diese schon bald verspüren lassen. Damit hört der mitunter noch auftretende Widerstand negativer Gedankeneinreden schließlich ganz auf. Der Glaube an die Wirksamkeit der Suggestion vervielfacht sich, die Heilung schreitet voran.

Wer sich je abends suggeriert hat, daß er morgens um eine bestimmte Zeit erwachen werde, der hat, wenn er pünktlich zur angegebenen Zeit munter geworden ist, bereits eine gute Vorstellung, wie richtige Autosuggestionen wirken sollen und können: *Wir suggerieren, und der Organismus realisiert.*

Bewährte Sondersuggestionen

Kurze Suggestionsformeln, welche die Bilde- und Gestaltungskräfte unseres Unbewußten auf eine spezielle Aufgabe programmieren, haben sich in vielen Fällen als Zusatzhilfe sehr bewährt. Sie werden im Anschluß an die Zentralformel oder unabhängig von ihr angewendet. Man soll sie sich auch immer wieder während des Tages, nicht nur bei bestimmten Anlässen, in Erinnerung rufen, vorsagen oder notfalls nur vordenken. Je öfter man sie anwendet, desto öfter setzt man durch sie die entsprechenden förderlichen Impulse. Außerdem kann man sich als Erinnerungshilfe auch da oder dort ein

Spruch- oder Suggestionskärtchen

anbringen. Für diesen Zweck sind dem Buch 6 verschiedene Aufstell-Kartons mit je 2 Sprüchen angeheftet. Man kann diejenigen, von denen man sich angesprochen fühlt, verwenden, indem man sie etwa im Büro, am Schreibtisch, in einer Nische usw. postiert. Man kann sie auch in der Mitte auseinanderschneiden und aufkleben, etwa an der Ecke eines Spiegels, im Badezimmer, im Auto, oder, da Humor immer eine gute Arznei ist, an der Innentür eines stillen Örtchens, wo der Blick unweigerlich auf den Spruch fallen muß. (So läßt sich die Zeit dort in doppelter Hinsicht wertvoll nützen!)
Die Auswahl der individuell benötigten Sonderformeln ist sehr verschieden. Es folgt daher anschließend eine größere Anzahl unterschiedlicher Vorsatzformeln, die je nach Bedarf in 7 Gruppen unterteilt sind.

1. Formel-Gruppe

Die Formeln dieser Gruppe dienen der Stärkung des Selbstvertrauens, des Glaubens an sich und seine Fähigkeiten, der Aufrichtung des Mutes zur bedingungslosen Zuversicht, der Steigerung des Optimismus und der Kräftigung des Durchhaltewillens.

Bei innerem Tief, bei Zustandsverschlechterung, Krankheitsrückfall, bei Depression, Ängstlichkeit, Sorge, Verzweiflung:

Nur guter Mut – alles wird gut!
Alles wird besser und besser – alles wird gut!

Nur guter Mut –
alles wird gut . . .

Bei Unsicherheit, Aufgeregtheit vor Prüfungen, vor wichtigen Unterredungen, Vorträgen, Bühnenauftritten, bei Minderwertigkeitszuständen, Hemmungen, Verkrampfungen, nervösen Zuständen usw.:

Ich kann – Ich kann – Ich kann!

oder:

Ich bin frank und frei,
Segen ist dabei!

Bei langfristigen Vorhaben, vor großen Aufgaben, Wagnissen, zur Unterstützung längerer ärztlicher Therapien, auch vor Operationen:

Ich weiß, daß ich es schaffen werde!

Zur Selbstaufrichtung, Selbstkräftigung, Selbstbestätigung:

Ich weiß – ich kann,
und glaub daran!

Der Hamburger Arzt *Hannes Lindemann* trainierte, bevor er mit seinem Faltboot allein den Ozean überquerte, monatelang mit der Formel:

Ich schaffe es!

Dementsprechend eignen sich vor Schwierigkeiten, neuen Aufgaben, Pflichten, bei Sorgen, Selbstzweifel, inneren Schwächezuständen usw. auch alle Worte wie:

Das ist leicht!

Ich bin stärker!

Ich kann es!

Ich vollende es!

2. Formel-Gruppe

Zur Unterstützung der ärztlichen Behandlung bei funktionellen und organischen Störungen empfiehlt sich oft die Suggestion einer guten Durchblutung bzw. Durchwärmung der erkrankten Region.

Z. B. bei Versteifung oder Verspannung des Nackens:

Mein Nacken ist (und bleibt) angenehm warm!

Bei Darmstörungen:

Bauch ist strömend warm,
gut verdaut mein Darm!

Bei Diabetes:

Bauchspeicheldrüse (Pankreas) ist strömend warm!

Bei Herzbeschwerden, Rhythmusstörungen, zur Vorbeugung und Behandlung von Angina pectoris und Herzinfarkt:

Mein Herz ist strömend warm, es schlägt ruhig und frei!

Der Herzspezialist Dr. *H. Mengen* berichtet in seinem Buch[39]), daß solche Herzformeln durch das Warmstellen der Herzkranzgefäße oft nachweisbar Extrasystolen beseitigt, den Kreislauf entlastet und die Sauerstoffversorgung verbessert haben.

Es geht mir mit jedem Tag
in jeder Hinsicht
immer besser und besser!

Bei Unterleibsstörungen, Menstruationsbeschwerden, Potenzschwierigkeiten, Frigidität usw.:

Mein Unterleib (oder Gebärmutter usw.) ist strömend warm!

oder:

Die Regel läuft regelmäßig, ruhig und frei!

bei Gedächtnisstörung, Konzentrationsmangel, Hirnermüdung, zur Lernhilfe:

Gehirn ist voll Blut
Es arbeitet gut)*

3. Formel-Gruppe

Viele Funktionsstörungen und Erkrankungen lassen sich auch durch eine andere Art von Sonderformeln suggestiv beeinflussen, wie z. B.:

Bei Atemschwierigkeiten, spastischer Bronchitis, Asthma bronchiale:

Bronchien weit wie Brunnenröhren!

(Man stelle sich die Weite, die Kühle und die Feuchtigkeit der Brunnenröhre vor! Auch bewährt vor Asthmaanfällen.)

Bei Nervosität, Aufgeregtheit, Unruhe:

Mich begleiten allezeit
Ruhe und Gelassenheit!)*

Bei intimen Schwierigkeiten, Hemmungen, Komplexen, Störungen:

Ich liebe als Mann (Frau) sicher, froh und frei!

*) Die mit *) versehenen Vorsatzformeln sind dem Buch von Dr. med. *Thomas:* „Praxis der Selbsthypnose des autogenen Trainings“ entnommen[40]).

Ich weiß um meinen wahren Wert,
und liebe heiß und unbeschwert!

Bei Hauterkrankungen, Akne, Hautunreinheiten:

*Gesunde Haut – wird neu erbaut!**)*

Bei Warzen:

Warze wird alt,
Warze ist kalt,
Warze stirbt bald!

Zur Augenkräftigung:

Augen sehen klar,
nehmen alles wahr!)*

Bei Schlafstörungen:

Ich lasse los von allen Sorgen
und schlafe bis zum frohen Morgen!

Ich lasse los und schlafe ein,
um sieben werd ich munter sein!

Ich schlafe von Nacht zu Nacht immer besser und besser!

*) Die mit *) versehenen Vorsatzformeln sind dem Buch von Dr. med. *Thomas:* „Praxis der Selbsthypnose des autogenen Trainings" entnommen[40]).

**) Die mit **) versehenen Formeln sind dem Buch von *H. Schmiedhauser:* „Lebe besser mit Autosuggestion" entnommen[41]).

Ich weiß – ich kann – und glaub daran . . .

4. Formel-Gruppe

Auch für verschiedenste andere Probleme können sich suggestive Sonderformeln folgender Art als hilfreich erweisen:

Zur Unterstützung beim Lernen:

Ich lerne leicht – mein Gedächtnis behält!

Vor Prüfungen:

Ich antworte ruhig, sicher und frei –
Ich kann – Ich kann – Ich kann!

Als Hilfe gegen unnötiges Geldausgeben, Kaufsucht, Spielsucht:

Das Geld geht nach Hause!
Es bleibt in der Tasche!)*

Bei Gemütsschwankungen, depressiven Verstimmungen, Zaghaftigkeit:

Fröhlich ist mein Sinn und heiter –
Fröhlich bring ich alles weiter!

Bei Minderwertigkeitskomplexen, Verkrampfungen, Hemmungen:

Ich weiß um meinen wahren Wert,
und wirke frei und unbeschwert!

Bei Arbeitsunlust, Arbeitsscheu, Antriebsschwäche:

Alle Arbeit gut geschafft,
gibt mir Freude, gibt mir Kraft.

Bei Nikotinsucht:

*Der Geschmáck des Tabák stößt mich áb!**)

Bei Sprechhemmung, Übernervosität:

*Ich spreche fest und frei, Ruhe bleibt dabei.**)*

5. Formel-Gruppe

Zur Befreiung von verschiedensten psychischen und somatischen Belastungen hat sich die suggestive Anwendung des Wortes „egal“ bewährt.

Bei Gefräßigkeit, Naschhaftigkeit, häufigem Eßverlangen:

Gusto egal oder
Hunger egal!

Bei verschiedensten Süchten, Alkohol-, Nikotin-, Koffein-, Süßigkeitensucht und anderen ungesunden Verlangen, z. B.:

Zigaretten egal! oder
Naschen egal!

Bei Furcht vor Ansteckung:

Ich bin immun!

Es geht mir mit jedem Tag
in jeder Hinsicht
immer besser und besser!

Bei Neigung zu nervösem Zittern, Schwitzen, Erröten, Herzklopfen usw., vor wichtigen Besprechungen, Prüfungen, Besuchen und anderen Anlässen:

Zittern – egal! usw.

damit hört das Sich-Hineinsteigern auf, und die Beschwerden gehen sofort zurück.

Bei Ohrgeräuschen:

Ich höre normal – Geräusche egal!

Bei unangenehmen Menschen, mit denen man zusammenarbeiten muß, vor denen man Angst hat oder Widerwillen empfindet; unter denen man leidet; gegen die man „allergisch" ist; die einen nervös machen; die einen bloßstellen, beleidigen oder provozieren wollen; die Streit suchen usw.:

Oskar egal!

(Oskar steht hier anstelle des Namens des Betreffenden. Diese Formel hat sich auch in Phasen von Ehekrisen, in denen man selbst ungerecht zu werden droht oder gar wird, weil man alles negativ zu deuten neigt, als vorübergehende Maßnahme bewährt! Siehe Fall 18, Seite 104!) (Zur Auflösung: *Oskar lieb*!)

Bei Problemen oder Aufregungen, die einem sehr nahe gehen, gegen die man zumindest vorderhand machtlos ist, wie bei bedrohlichen politischen Veränderungen, Prozessen, unerwarteten finanziellen Belastungen, manchen familiären Aufregungen usw.: Hier kann ebenfalls eine passende Egalformel die erste und meist größte Aufregung in gemäßigten Grenzen halten, so daß sie nicht mit Organschäden, Schlaganfall, Herzinfarkt, Magengeschwür, Krampfzuständen oder unüberlegten voreiligen Handlungen einhergehen kann. Mit „Oskar *heute* egal!" kann man leichter ruhig bleiben, das Problem eher überschlafen und besser „verdauen" oder bewältigen im Sinne von:

Gute Nacht ihr lieben Sorgen,
habt mich gern, ich schlaf bis morgen!

In diese Gruppe gehört auch für Trinker:

Durst ist mir wurst!
Ich bleibe trocken!

6. Formel-Gruppe

Formeln mit negativen Worten sind zwar grundsätzlich zu meiden, besitzen aber als Sonderform der kategorischen Negation, der befehlenden Verneinung oder Ablehnung eine Ausnahme, die auf ärztlichen Rat angewendet werden kann. So hat sich zum Beispiel nach Prof. *J. H. Schultz,* dem Schöpfer des autogenen Trainings, bei der Behandlung von Süchtigen bewährt:

... Zu keiner Zeit – an keinem Ort – bei keiner Gelegenheit!)*

Für denselben Zweck können sich auch eignen:

Alles Trinken (Rauchen, Haschen) ekelt mich,
Gifte sind mir widerlich! –
Weg! Weg! Weg!

Drogen zerstören –
ich bin glücklich ohne.
Weg! Weg! Weg!

Ich kann – ich kann – ich kann ...

Bei Nasch- und Freßsucht:

Ich bin voll und satt,
Weg mit jedem Blatt!

Bei Kratzzwang, bei entzündlichen Hautveränderungen, Allergie, Ekzemen usw.:

Ich kratze nicht, ich kratze nicht
*und rein und schön ist mein Gesicht!**)*

7. Formel-Gruppe

Hier sei als Beispiel nur ein suggestiver Trostspruch angeführt, der sich bei Kindern bewährt hat, die sich weh getan haben, die gekränkt sind oder aus anderen Gründen weinen. Es ist eine laut zu sprechende Fremdsuggestion, bei deren Anwendung man das Kind beruhigend-liebkosend streichelt oder über die schmerzende Stelle in sanften Kreistouren fährt.

Die letzte Zeile des Spruches ist stärker zu betonen:

Heile heile Segen,
Heil auf allen Wegen,
Heile Brust und Bauch und Blut,
Jetzt ist alles wieder gut!

Nach Anwendung von Sondersuggestionen empfiehlt sich deren Bekräftigung, indem man sich nach *Peale* vorsagt[10]):

Ich glaube es – ich glaube es – ich glaube es!

Oder nach *Thomas*[40]):

Die Worte wirken weiter – die Worte wirken weiter –
die Worte wirken weiter!

17. Kapitel

Verschiedene weitere Suggestionsformen

Wer heute über das psychische Training durch Selbstbeeinflussung lächelt, ist ebenso albern wie jene, die einst über körperliches Training und Fitneßpflege gespottet haben.

Alles was den Menschen so beeinflußt, daß er es glaubt und auf sein Unbewußtes überträgt, ist eine Suggestion. Die beiden wichtigsten Suggestionsarten sind

1. *Die Selbst- oder Autosuggestion und*
2. *Die Fremd- oder Heterosuggestion*

Streng genommen erzeugen überhaupt nur Selbst-Suggestionen eine Wirkung, da nur sie das Unbewußte unmittelbar beeinflussen; aber Fremdsuggestionen können den Menschen so tief beeindrukken, daß sie ihn bewegen, ihnen sogleich Glauben zu schenken, d.h. sie anzunehmen und damit zu Autosuggestionen zu machen. Wer aber einer Fremdsuggestion dank des Einspruches seines kritischen Verstandes keinen Glauben schenkt, der nimmt sie nicht an und macht sie damit völlig wirkungslos. Hier zeigt sich ein grundlegender Unterschied zwischen Selbst- und Fremd-Suggestion: Während *jede* Selbst-Suggestion wirksam ist, bleibt der nicht angenommene Teil aller Fremdsuggestionen unwirksam.

Es geht mir mit jedem Tag
in jeder Hinsicht
immer besser und besser!

Jeder angenommene Teil aber wirkt und bringt die entsprechenden Folgen. Die verschiedenen Spielarten und Anwendungsformen der Suggestion lassen sich mühelos als Selbst- oder Fremdsuggestion erkennen. Im nachfolgenden sind angeführt:

a) Die allgemeine Fremdsuggestion
b) Die Fremdsuggestion bei Kindern
c) Die Fremdsuggestion bei Arznei-Verordnung
d) Die Schlafsuggestion
e) Die bedingte Suggestion
f) Die Spiegel-Suggestion
g) Die Weg-Suggestion

a) Die allgemeine Fremdsuggestion

Fremdsuggestion ist die Übertragung eines Glaubens auf einen anderen Menschen.

Fritz Lambert[19])

Fremdsuggestionen greifen täglich, ja stündlich bis minütlich in unser Leben ein. Die Reichweite des Einflußgebietes erfaßt sämtliche Lebensbezirke schlechthin, von politischen, wirtschaftlichen, künstlerischen, beruflichen, zwischenmenschlichen, familiären bis zu erotischen Bereichen. Man bedenke, daß *alle* Einflüsse, die von außen her auf unser Unbewußtes einzuwirken versuchen, Fremdsuggestionen sind: Wir erhalten mit nahezu jedem gesprochenen oder gedruckten Satz, mit fast jedem Blick, jeder Geste, jeder Anzeige in der Zeitung, jedem Einkauf, jedem Radiohören oder Fernsehen, jedem Gespräch, jedem Konzert, Theaterstück, jedem Umgang im Geschäft, im Beruf und in der Familie oder gar mit jeder Überredung, Anbiederung, Versuchung usw. Fremdsuggestionen.

Wenn uns ein „besonders gutes" Essen angeboten, ein „ganz neues" Medikament empfohlen, eine „wunderbare" Behandlung verordnet, ein verführerisches Geschenk überreicht, eine Schmeichelei gesagt wird oder, wenn uns von der Werbung die „besten“ Zahnpasten, Waschmittel, Schokoladen, Spülmaschinen und Autos angepriesen werden oder, wenn uns Politiker mit Versprechungen überhäufen, so erhalten wir stets typische Fremdsuggestionen. Wer genügend wachsam ist, kann selbst über die Wirkung der auf ihn zukommenden Fremdsuggestionen entscheiden. Lehnt er sie ab, indem er ihnen keinen Glauben schenkt, dann prallen sie von ihm wie von einer Mauer ab. Glaubt er ihnen aber oder bleibt einiges davon bei ihm „hängen“, dann nimmt er sie ganz oder teilweise an, und dies wird dann unweigerlich irgendwelche Auswirkungen im Sinne der Suggestion zur Folge haben.

Ein Kauflustiger sucht vergebens nach einer passenden Krawatte. Da sagt die Verkäuferin: „Ich finde diese da ist besonders apart, und sie paßt ausgezeichnet zu Ihnen!“ Glaubt der Kauflustige dieser Suggestion, dann nimmt er sie an und kauft auch schon die Krawatte. Denkt er sich aber: „Die will mir einen Ladenhüter andrehen!“ dann bleibt die Suggestion wirkungslos, prallt von ihm ab. Die Krawatte wird nicht gekauft.

Daß wir selbst durch unseren kritischen Verstand über Annahme oder Nichtannahme einer Suggestion entscheiden können, ist für uns ein großes Glück! Wir würden ansonsten noch viel öfter Opfer der auf uns eindringenden Fremdsuggestionen sein! Wir sollten aber meist noch viel wachsamer und vorsichtiger sein, denn bei den pausenlosen Berieselungen mit Fremdsuggestionen, denen wir zeitweilig unterworfen werden, können wir sonst zu leicht und zu oft in die Irre geführt werden. Wir haben vielleicht durch einige Zeit hindurch im Fernsehen die Werbung für irgendein

Lenke Deine Vorstellungskraft selbst – statt sie anderen zu überlassen

Produkt gesehen oder besser weitgehend übersehen. Monatelang mag uns diese Fremdbeeinflussung unbewußt geblieben sein, bis wir eines Tages entdecken, daß wir auf einmal dieses Produkt selbst benützen und anderen weiterempfehlen.

Es gibt bestimmte Personen, die besonders begabt sind, wirkungsvoll zu suggerieren. Ihre Suggestionen werden von den meisten Mitmenschen unbemerkt, ungeprüft und gutgläubig angenommen. Diese Leute können überaus erfolgreich als Verkäufer, Vertreter, Politiker, Ärzte, Rechtsanwälte usw. sein, aber leider auch als Betrüger, Verführer, Demagogen, Heiratsschwindler, Hochstapler usw. Umgekehrt gibt es auch besonders suggestible Personen, die fast keinen „Schutzwall" gegen Fremdsuggestionen besitzen. Sie glauben fast alles und werden allzuleicht hilflose Opfer schädlicher Fremdsuggestionen.

Fall 23

Juwelierin, 50, verwitwet, vegetativ labil, klagt über viele psychosomatische Beschwerden. Sie sucht häufig Ärzte auf. Als sie wieder einen neuen Arzt zu Rate zieht, berichtet ihm der begleitende Sohn, daß es seiner Mutter jedes Mal nach dem Besuch einer Freundin schlechter ginge. Danach erhole sie sich nur langsam, bis eine Woche später wieder die Freundin einträfe und alles von vorne anfange. Vom Arzt nach der Freundin befragt, sagte die Juwelierin: „Das stimmt natürlich nicht, das ist Zufall! Sie ist ein reizender Mensch, der sich wirklich meiner annimmt. Sie macht sich echte Sorgen um mein krankes Aussehen, um meine Blässe, meine Augenringe usw., und ich kann mich mit ihr restlos über meine Beschwerden aussprechen." Der Arzt erwiderte: „Dann ist Ihre Freundin Gift für Sie! Sie steckt Sie mit negativen Krankheitssuggestionen an, macht Sie kränker und verhindert jede Gesundung! Wenn Sie sich einem so negativ suggestiven Menschen ausliefern, dann muß es Ihnen fortlaufend schlechter gehen! Ich kann Sie nur behandeln, wenn Sie sich auf Behandlungsdauer völlig von ihr trennen." Diese energische Ablehnung durch den Arzt machte die Juwelierin so unsicher, daß sie plötzlich ungewollt ein wohlgehütetes Geheimnis vor ihrem Sohn verriet: Sie war eben dabei, einen Teil ihres Vermögens zu verflüssigen, um es ihrer Freundin zu borgen. Aufgrund der Warnungen versprach sie nun, als erstes die Redlichkeit der Freundin auf die Probe zu stellen. Dabei kam schließlich heraus, daß es sich um eine Betrügerin gehandelt hat. Die Juwelierin aber wendete sodann auf ärztlichen Rat konsequent bewußte Autosuggestionen an, trat der lokalen *Coué*-Vereinigung bei und war nach einigen Wochen bereits staunenswert verändert, fröhlicher, lebensbejahender und gesünder.

Die schädigenden Eingriffe, die jeder Mensch durch negative Fremdbeeinflussungen von seiten seiner Umwelt erhalten kann, sind außerordentlich zahlreich. Sie treffen jeden dort am ärgsten, wo er *selbst* glaubt (!) eine Schwachstelle zu haben. Bei einem ist dies die zu geringe Körpergröße, beim zweiten sein Übergewicht, beim dritten ein Gesichtsausschlag, und bei weiteren sind es andere echte oder vermeintliche, seelische oder körperliche Mängel. Jede Fremdsuggestion, die negativ auf diese Mängel hinzielt, wird vom Betroffenen voll angenommen, da er ja selbst daran glaubt. Er ist gegenüber solchen Fremdsuggestionen ganz wehrlos, mögen sie auch noch so häßlich, gemein und schadenbringend sein! So kann man einen Kranken, dessen Krankheit im Augenblick ja seinen schwächsten Bereich darstellt, empfindlichst durch negative Suggestionen schädigen! Etwa, wenn man ihn erkennen läßt, wie entsetzt man über sein schlechtes Aussehen ist; oder wenn man ihn durch langes Fragen über seine Beschwerden vermehrt auf seine Schwachstellen „einstellt"; oder wenn man

Wer daran glaubt,
Herr seiner Gedanken
zu sein, der wird es auch

Coué

gar erzählt, wie tragisch solche Krankheiten bei Bekannten geendet haben. Man sollte es nicht für möglich halten, diese und viele andere ebenso dumme wie gemeine Fremd-Suggestionen durch Angehörige und Bekannte, stehen bei Krankenbesuchen in Krankenhäusern durchaus an der Tagesordnung! Daher ist es so wichtig, zu wissen, daß Fremdsuggestionen nur dann keine Macht über uns erhalten können, wenn wir sie sofort innerlich ablehnen und ihnen nicht den geringsten Glauben schenken! Wir dürfen uns nicht von ihnen überrumpeln oder übertölpeln lassen! Wir dürfen, nachdem wir sie abgelehnt haben, nicht über sie nachgrübeln, sondern müssen sie ignorieren, damit wir ihnen nicht unversehens verfallen und zu ihrem Spielball werden.

b) Die Fremdsuggestion bei Kindern

Jede erzieherische Maßnahme ist eine Fremdsuggestion, die nicht immer, aber doch sehr oft, angenommen wird. Eltern und alle, die mit Kindern zu tun haben, tragen hohe Verantwortung für alle ihre Äußerungen zu Kindern oder in Gegenwart von Kindern. Leider erhält die Mehrzahl aller Minderjährigen, schon von frühester Kindheit an, häufig negative Fremdsuggestionen. Dies ist z.B. der Fall, wenn Kinder durch Lieblosigkeit, Verängstigung, Herabsetzung, Beschimpfung, Drohung, Strafen usw. gehorsamer, williger, fleißiger, geschickter, gescheiter, untertäniger, robuster usw. gemacht werden sollen. Alltägliche suggestive Herabsetzungen sind z.B.: „Das kannst Du nicht!... aus Dir wird nie etwas!... dafür bist Du zu dumm!... zu klein!... zu ungeschickt!... das verstehst Du nicht! ... Du taugst zu nichts!" usw. Daraus folgt zwangsläufig die Einstellung: „Was soll ich mich bemühen, wenn ich zu nichts tauge! Es hat ja ohnehin keinen Zweck!"

Besonders ungünstig sind alle Furchtsuggestionen und Drohungen, etwa mit dem schwarzen Mann oder anderen schreckerzeugenden

Finsterlingen und Gespenstern. Auch das viele und gar das verfrühte Fernsehen, besonders das von üblichen Krimis mit Mord und Totschlag, stört die Entwicklung der kindlichen Seele und kann zeitlebens Schäden mit irreparabler Angstbereitschaft und verhängnisvollen Angstzuständen bewirken.

Hingegen sollte man bei passenden Gelegenheiten nie versäumen, kleine „Leistungen" der Kinder anzuerkennen, „Erfolge" zu belohnen, „gutes Verhalten" zu beloben. Der autosuggestive Glaube des Kindes an sich selbst, an seine Fähigkeiten, Geschicklichkeit, Ehrlichkeit usw. ist durch entsprechende Würdigung immer wieder zu kräftigen. Das Kind soll in seiner Einstellung zu seiner Umgebung wie zu sich selbst die Überzeugung einer heilen Welt in sich tragen. Es soll den Glauben und das Selbstwertgefühl besitzen, ein gutes, tüchtiges, begabtes, aufrichtiges Kind zu sein, das später als Erwachsener zufrieden sein und erfolgreich seinen Mann stellen wird. Die wichtigste Suggestion aber, von der ein Kind kaum genug bekommen kann, ist die, daß es geliebt wird. Siehe auch die Schlafsuggestionen (Seite 161)! Mit Hilfe verantwortungsvoller erzieherischer Suggestionen läßt sich im Kindesalter ein gesundes, aber nicht überhebliches Selbstvertrauen aufbauen und damit eine gute Grundlage für die Zukunft schaffen.

Selbstvertrauen ist eine Lebensbedingung für jedes menschliche Wesen

Coué

c) Die Fremdsuggestion bei Arznei-Verordnung

Die Rolle der Fremdsuggestion in der Heilkunde aller Fachgebiete, einschließlich Chirurgie und Behandlung sogenannter hoffnungsloser Fälle, ist so groß, daß hier als Beispiel nur ein Teilbereich herausgegriffen werden kann: Die Arznei-Verordnung.

Um die objektive Wirkung eines Medikamentes ohne den suggestiven Effekt durch den Verordner wissenschaftlich erfassen zu können, werden Vergleichsversuche mit Scheinmedikamenten, sogenannten Plazebos durchgeführt. Ein Plazebo sieht genauso aus wie das zu überprüfende Medikament, beinhaltet aber keinen Wirkstoff. Es wird wie das echte Präparat verordnet, so daß die Versuchsperson nichts davon ahnt, ein wirkungsloses Pülverchen zu erhalten. Da die Versuchsperson glaubt (Autosuggestion!), ein wirksames Mittel einzunehmen, werden durch Plazebos oft verblüffende Ergebnisse erzielt, die mitunter nur wenig hinter den Wirkungen bester Medikamente zurückstehen! Erfolge durch Verordnung von Plazebos gibt es bei leichten und bei schweren, bei akuten und bei chronischen Krankheitszuständen, auch bei grippalen Infekten, Schmerzzuständen, Magen-Darm-Beschwerden usw. Um die Größe der suggestiven Wirkung bei der Verordnung von echten und von falschen Arzneien auf einen gleichen Nenner zu bringen, bedient sich die Forschung des „doppelten Blindversuches“. Das ist ein Versuch oder eine Studie, bei der die unmittelbar behandelnden Ärzte und die Personen, die das Medikament aushändigen, nicht informiert sind, wer die echten und wer die scheinbaren Medikamente erhält. Natürlich läßt sich auch dabei der Suggestionseffekt nicht ausschalten, denn an sich ist bereits

jede Verordnung und jede Überreichung eines Medikamentes eine Suggestion,

gleich ob es sich dabei um echte oder scheinbare Mittel handelt. Es besteht aber ein Riesenunterschied, ob ein Patient an die gute Wirkung seines Medikamentes glaubt oder nicht. Manche

Patienten besitzen von vornherein eine starke autosuggestive „Pulvergläubigkeit", andere nehmen dankbar jede zusätzliche Fremdsuggestion vom Arzt, der Schwester, vom Apotheker usw. an wie: „Das hilft Ihnen bestimmt, das ist ein hervorragendes Mittel!" Naturgemäß werden *solche* gläubigen Patienten von einem Medikament mehr Hilfe erhalten als andere, die sich innerlich abwartend, neutral oder gar ablehnend einstellen.

In welch entscheidendem Ausmaß die innere Einstellung oder Gläubigkeit an die Arznei das Heilergebnis beeinflußt, beweist eine ganz neue, groß angelegte, streng wissenschaftliche Studie des angesehenen amerikanischen *Coronary drug project* der University of Maryland, Baltimore[44]).

Man beachte allein schon den Aufwand: In 53 verschiedenen Therapiezentren, in verschiedenen Gegenden der USA, wurden 5500 Männer nach einem höchstens drei Monate zurückliegenden, mehr oder minder lebensbedrohenden Herzinfarkt mit bestimmten modernsten Medikamenten behandelt. Außerdem erhielten 2789 ebenso ernst erkrankte Männer nichts als Scheinmedikamente (Plazebos). Nach 5 Jahren zeigte sich bei diesen insgesamt rund 8300 Herzkranken von 30–64 Jahren das folgende Ergebnis:

Von den mit echten Herzmitteln behandelten Patienten waren 20,0% verstorben. Von den mit falschen Mitteln (Plazebos) behandelten Kranken waren 20,9% verstorben (!).

Der Unterschied in der Wirkung der echten und der falschen Mittel hinsichtlich der Sterblichkeit erwies sich somit als außerordentlich gering!

Der Glaube an die Arznei verstärkt ihre Wirkung

Viel größer waren hingegen die Unterschiede zwischen Patienten mit guter und mit schlechter Medikamenten-Compliance, d.h. zwischen zuverlässigen und unzuverlässigen Pulverschluckern. Dazu sei kurz festgehalten: Die Exaktheit der Einnahme von Arzneien ist im allgemein um so größer, je mehr der Patient an die gute Wirkung seiner Mittel *glaubt*(!). Großes Vertrauen in die Hilfe von Heilmitteln schafft beim Kranken große Therapie-Verläßlichkeit; mangelndes Vertrauen hingegen entsprechende Unzuverlässigkeit (schlechte Compliance).
Die zuverlässigen Pulvereinnehmer zeigten insgesamt nur eine Sterblichkeit von 15%, während die unzuverlässigen Pulverschlucker eine Sterblichkeit von rund 25–28% aufwiesen!*)
Im Detail gesehen betrug die Sterblichkeitsrate bei *verläßlichen* Einnehmern von *echten* Herzmitteln 15%, während sie bei *verläßlichen* Plazebo-Essern mit 15,1% fast das gleiche Resultat ergab!!
Die Sterblichkeitsrate bei *unverläßlichen* Einnehmern von *echten* Herzmitteln wies hingegen 25% an Todesfällen auf, während bei den *unverläßlichen Plazebo*-Essern sogar rund 28% der Kranken verstarben.

Mit der gleichen Sicherheit, mit der wir erwarten dürfen, daß am nächsten Morgen die Sonne aufgehen wird, und sei es auch hinter Wolken, zeigt diese Studie an 8300 Herzkranken, daß *therapiegläubige zuverlässige Pulvereinnehmer, gleich ob sie echte oder falsche Mittel nehmen, länger leben als die wenig therapiegläubigen, unzuverlässigen. Die zuverlässige gläubige Einnahme von Scheinmedikamenten erweist sich turmhoch überlegen gegenüber der unzuverlässigen Einnahme von echten Medikamenten!*

Die Bedeutung dieser Studie wurde von den medizinischen Kommentatoren wohl erkannt. Sie schrieben von einem „Erdbeben,

*) Durch 8 Jahre laufende, kontrollierte, randomisierte, doppeltblinde, plazebokontrollierte, multizentrische Studie an Koronarkranken mit allen exaktheitversprechenden modernen Methoden. Quelle: N. Engl. J. Med., Vol. 303, No. 18/1980 sowie Medical-Tribune, siehe Literatur[44]).

Verläßlichkeit der Medikament-Einnahme	*Todesfälle* bei Einnahme echter Herzmedikamente	*Todesfälle* bei Einnahme von Scheinmedikamenten (Plazebos)
Bei regelmäßiger Medikamenten-Einnahme = guter Compliance = Gruppe der Therapie-Treuen oder Therapie-Gläubigen	15,0%	15,1%
Bei unregelmäßiger Medikamenten-Einnahme = schlechter Compliance = Gruppe der Wenig-Therapie-Treuen oder Wenig-Therapie-Gläubigen	24,6%	28,2%
Gesamt	20,0%	20,9%

Tafel der 5-Jahres-Sterblichkeitsrate von Männern nach überstandenem Herzinfarkt.

Der Glaube ist es, der die wahren Wunder wirkt

Paracelsus

Stärke 8 der Richterskala". Über die Ursachen der guten Plazeboergebnisse bei therapiegläubigen Patienten aber tappt man im Dunklen. Man rätselt, ob vielleicht gerade bei diesen Patienten der soziale Status, der Alkoholverbrauch, die Lebensweise usw. besonders günstig sei, während man nicht auf die Idee kommt, daß vielleicht auch der *Glaube des Kranken an seine Arznei* als mächtig wirkende suggestive Kraft eine Rolle spielen könnte.

Der Verfasser bedauert es, daß bei dieser Studie nicht noch eine dritte Gruppe von Patienten geschaffen wurde, bei der die Verordnung und Ausfolgung der echten und falschen Medikamente jeweils mit gezielter Suggestion zu kombinieren gewesen wäre. Dabei hätte man jedem Kranken wahrheitsgemäß mit Eindringlichkeit die lebensverlängernde und lebensentscheidende Rolle der verläßlichen Pulvereinnahme vor Augen führen müssen, hätte ihn über die Bedeutung der Regelmäßigkeit der Arzneizufuhr auch während Reisen, Urlaub, Infekten usw. aufklären und die günstigere Lebenserwartung und Lebensqualität durch Therapiefreudigkeit wiederholt ausmalen müssen. Nach Überzeugung des Verfassers wäre dadurch die Medikamenten-Compliance noch weiter verbessert und eine weitere Verringerung der Todesrate erzielt worden. Man bedenke:

Wenn der Kranke von der hervorragenden Heilwirkung seines Mittels überzeugt ist, wenn er an seine Arznei felsenfest glaubt und dies auch bei jeder Arztkontrolle und jeder Medikamentenabholung aufs Neue bestätigt bekommt, dann verabreicht er sich in der Folge mit jeder neuerlichen Einnahme, also meist dreimal am Tag, einen hochwirksamen autosuggestiven Impuls in der Richtung: *„Das tut mir gut, das hilft mir weiter, so werde ich ständig besser und besser!"* Damit aber werden alle Heilvorgänge in einem Maße in Gang gesetzt und in Gang gehalten, wie sie durch bloße mechanische Einnahme von besten Arzneien allein einfach nie erzielt werden können. Mit aller Klarheit schrieb schon *Coué:*

„Wenn ein Arzt dem Kranken sein Rezept ohne begleitende Anweisung übergibt, werden die verordneten Medikamente kaum viel nützen; erklärt er aber dem Patienten, unter welchen besonderen Umständen die einzelnen Medizinen zu nehmen seien und welche Wirkungen er von ihnen erwartet, so werden die vorausgesagten Wirkungen fast todsicher eintreten."

Mit Darstellung dieser Zusammenhänge ist nichts gegen die Einnahme echter Medikamente ausgesagt, da es sehr viele gibt, deren Wirkungen von Plazebos auch unter günstigsten Bedingungen überhaupt nicht oder nicht annähernd erreicht werden. Auf sie könnte und dürfte der Arzt bei Bedarf keineswegs verzichten. Der Verfasser gibt allerdings den diätetischen, naturheilkundlichen, biologischen und homöopathischen Heilwaffen, wo immer möglich, absoluten Vorrang. In jedem Falle aber kommt dem Glauben des Patienten an seine Therapieart eine Schlüsselrolle zu. Und diesen Glauben kann gerade die Fremdsuggestion des Arztes groß und mächtig machen, so daß ihr unter Umständen die Entscheidung über Leben und Tod des Kranken zufallen kann.

Eine Sonderform der Fremdsuggestion ist

d) Die Schlafsuggestion

Mit der Schlaf-Suggestion hat *Coué* ein hervorragendes Hilfsmittel zur Heilung zahlreicher Störungen und Schwierigkeiten, besonders bei Kindern, empfohlen. Während des Schlafes ist der Verstand

Es wohnt uns eine unermeßlich große Kraft inne . . . — *Coué*

mit seinen hemmenden Wachposten, Kritik und Zweifel, so ausgeschaltet, daß eine wesentlich erhöhte Aufnahme- und Empfangsbereitschaft durch das Unbewußte besteht. Die Schlaf-Suggestion nützt diese günstige Gelegenheit. Voraussetzung für das Gelingen ist, daß der Sprecher der Suggestion (meist ein Ehegatte oder Elternteil) selbst vom Glauben durchdrungen ist, daß seine Worte sich als wirksam erweisen werden. (Ohne Glauben an die eigene Kraft kann man weder bewußte Selbst- noch Fremdbeeinflussung erzielen!) Die klug auszuwählenden Suggestionssätze sind etwas monoton, in normaler Sprechgeschwindigkeit zu flüstern. Sie sollen keinesfalls gekünstelt, sondern in der dem Schlafenden gegenüber auch ansonst üblichen natürlichen Sprechweise, in der gewohnten Mundart vorgesagt werden. Dabei ist auf eine besonders herzenswarme, liebevolle und zuversichtliche Tonart zu achten.

Gleich nach dem leisen Öffnen der Türe stelle man sich in etwa einem knappen Meter Entfernung vom Kopf des Schlafenden auf oder flüstere von seinem Ehebett dem daneben Schlafenden ruhig und bestimmt 5mal zu:

„Du schläfst gut – Du schläfst gut – Du schläfst immer besser und besser!"

(Wenn bei Kindern Geschwister vorhanden sind, ist hierauf 5mal zu sagen: „Wir haben Dich ebenso lieb wie..." Anstelle der Punkte sind die Namen der Geschwister zu nennen.)

Sodann ist die Zentralformel von *Coué* 20mal zu flüstern, wobei wir die Voranstellung des Rufnamens oder üblichen Kosenamens empfehlen, etwa:

„Heidi, es geht Dir – mit jedem Tag – in jeder Hinsicht – immer besser und besser!"

Erst danach ist die Sondersuggestion, ebenfalls 20mal, vorzusagen. Die Sondersuggestion soll aus möglichst wenigen, kurzen, einfachen und leicht verständlichen Sätzen bestehen. Auch hier ist die Voranstellung des Rufnamens des Schlafenden günstig. So kann man zum Beispiel sagen:

Bei Bettnässen:

„Tommi, Du bist unser Liebling. Schlafe ganz ruhig und tief bis am Morgen. Dein Bett bleibt ganz trocken und sauber – ganz trocken und sauber! Schlafe ruhig bis am Morgen!"

Bei Nagelbeißen:

„Susi, wir haben Dich sehr lieb. Schlafe ruhig und tief bis am Morgen. Du läßt Deine Fingernägel wachsen, schön und groß werden, schön und groß werden!"

Bei groben Ungezogenheiten:

„Axel, Du schläfst ruhig und tief. Vater und Mutter haben Dich sehr lieb. Du bist den ganzen Tag ein fröhliches und liebes Kind – ein fröhliches und liebes Kind!"

Bei kindlichen Schlafstörungen, nächtlichem Aufschreien:

„Christian, wir lieben Dich sehr! Du schläfst ganz ruhig, Du schläfst ganz wunderbar, Du schläfst tief bis zum Morgen!"

Bei anderen Störungen, Fehlleistungen, Schwierigkeiten:

Immer gilt das gleiche Rezept: Anrede, Versicherung der Zuneigung, Suggestion einer Aufgabe, Suggestion des guten Schlafes.

Heget den festen Glauben, daß alles gut gehen wird

Coué

Die Kernsätze der Suggestion können auch lauten:

Bei Schulschwierigkeiten, Konzentrationsschwäche:

„Du lernst immer besser, daheim und in der Schule!"

Bei Stehlen und Lügen:

„Du bist immer ehrlich und aufrichtig!"

Bei Untüchtigkeit, Faulheit, Interesselosigkeit:

„Du arbeitest fleißiger und tüchtiger!"

Bei Nervosität:

„Du beruhigst Dich immer mehr, bist ganz frei und gelöst!"

Bei Neurasthenie, Depression:

„Du gewinnst immer mehr Freude am Leben und an der Arbeit!"

Bei Alkohol-, Nikotin- und anderen Süchten:

„Du kannst Dich immer besser beherrschen, bist unabhängig, froh und frei!"

Auf alle Fälle sind sämtliche negativen Ausdrücke, Diagnosen, auch die Worte „nicht mehr", „kein Verlangen mehr" usw. zu meiden und durch rein positive Aussagen zu ersetzen.
In dem Buch von *Lambert*[19]) sind leider noch Schlafsuggestionen mit negativen Bestandteilen angeführt wie: „Du kannst keinen Alkohol (Tabak) mehr genießen, und wenn Du ihn zu Dir nimmst, wird es Dir übel, Du mußt erbrechen!" Oder: „Du unterläßt das Nägelkauen, Du kannst es nicht mehr tun!" usw. Ohne Zweifel hat *Lambert* selbst als erfahrener und hervorragender Suggestor mit solchen Formeln eindeutige Erfolge erzielt. Für den Hausge-

brauch sind jedoch nur positive Aussagen nach unserem obigen Schema zu empfehlen.

Fall 24
Karin, 8, liebt die Schule und die Hausaufgaben nicht. Jede Ausrede ist ihr recht, um sich davor zu drücken. Bald merkt die Mutter mit Entsetzen, daß Karin sie und andere bei jeder Gelegenheit belügt. Sie versucht es mit der Schlafsuggestion: „Du unterläßt das Lügen, Du kannst es nicht mehr tun!" Nach einmonatiger alltäglicher Suggestion lügt Karin ärger denn je. Nun besucht die Mutter einen Lehrgang in Autosuggestion[34]) und verwendet eine positive Schlafsuggestion:
„Karin, wir haben Dich sehr lieb und vertrauen Dir ganz. Die Schule macht Dir immer mehr Freude. Du bist ein liebes und ganz ehrliches Kind – ein liebes und ganz ehrliches Kind!" Die Wirkung trat schon nach wenigen Tagen ein. Karin geht lieber in die Schule und lügt nicht mehr. Typisch ist auch:

Fall 25
Wolfgang, 4, weint seit einem Jahr sofort nach dem Erwachen, oft bis mittags pausenlos durch. Niemand weiß warum. Er hat liebevolle Eltern. Sie sind verzweifelt. Der Kinderarzt hat sich sehr bemüht, alles untersucht, ohne Ergebnis. Schließlich rät er zur Einnahme von Beruhigungsmitteln. Der Verfasser empfahl hingegen die Formel:
„Wolfi, Du bist unser Schatz. Du schläfst ruhig bis zum Morgen. Du wachst fröhlich auf und bist den ganzen Tag immer ein lieber und froher Bub!"

Die Macht ist bei den Fröhlichen

Nach zwei Wochen war das Kind wie ausgewechselt und sagte morgens seiner Mutter: ,,Gelt, ich bin immer ein lieber und froher Bub.“ Der Erfolg hat bis jetzt (3 Jahre) angehalten.

In der Monatszeitschrift ,,Autosuggestion“[27]) berichtet *K. Nöthiger* anhand etlicher überzeugender Fälle über seine Erfahrungen mit Schlafsuggestion. Er gibt altbewährte, längst mit Erfolg angewendete Formeln wieder, wie:

,,... Du schläfst heute Nacht wunderbar, Mami und Papi schlafen auch. Du kannst ganz wunderbar schlafen.“
,,... Du hast mit der Zeit jeden Morgen ein trockenes Bett.“
,,... Du bist ein fröhliches und glückliches Kind!“
,,... Du bekommst guten Appetit, Du verdaust besser, Du wirst kräftiger!“

Selten kommt es vor, daß der Schlafende während der Suggestion erwacht. In diesem Falle hört man auf und setzt in der nächsten Nacht fort. Wichtig ist auch, daß man mit dem ,,Patienten“ nie über die Schlafsuggestionen spricht. Erfährt er davon, dann können sich Hemm-Mechanismen gegen die nächtliche Annahme der Suggestion bilden.

Frau Dr. med. *Lucci*[24]) grenzt das Anwendungsgebiet der Schlafsuggestion mit Recht so ab, daß man sich darauf zu beschränken hat, Kindern nur wirklich große Übel abzugewöhnen, wie: Bettnässen, Zornausbrüche, Nägelkauen, Stehlen, Lügen, Neigungen zu körperlichen Krankheiten, Naschsucht; außerdem könne man mithelfen, daß Kinder in der Nacht gut schlafen; in der Schule besser achtgeben und besser mitlernen; daß sie überhaupt leichter lernen und sich gütiger verhalten gegen jedermann. Als gutes Beispiel einer Schnellheilung berichtet Prof. Dr. med. *Brauchle*[35]):

Fall 26
5jähriger Knabe, der unentwegt an seinem Daumen lutschte und den keine Belohnungen und keine Strafen davon abhalten konnten: ,,Nach einer einmaligen nächtlichen Beeinflussung, die sein Vater vornahm, war der Junge von seinem Übel befreit.

Stotternde, bettnässende Kinder und solche, die an anderen Übeln leiden, kann man erfolgreich so behandeln."

Brauchle empfiehlt die Schlafsuggestion bei Erwachsenen für „*ruhigen, tiefen Schlaf*" (bei Schlafstörungen), für „*heitere Stimmung*" (bei depressiven Zuständen), für „*felsenfestes Vertrauen*" (bei Minderwertigkeitskomplexen), für „*gute Herzfunktion*" (bei funktionellen Herzstörungen), für „*leichte Atmung*" (bei Bronchialbelastung), für „*gute Zirkulation*" (bei Kreislaufstörungen), für „*freien frischen Kopf*" (bei Migräne und Neuralgien) usw. Man beachte die positiven Formulierungen! *Brauchle* erzählt auch den nächsten Fall:

Fall 27
Älterer Patient, der seit Jahren von periodisch wiederkehrenden Attacken einer gestörten Herztätigkeit heimgesucht wurde: „Kein Arzt hatte ihm Hilfe zu bringen vermocht. Die regelmäßige nächtliche Einflüsterung der Ehefrau brachte nach 4 Wochen einen vollkommenen und dauernden Erfolg." Nach Prof. *Brauchle* „vermögen diese Einflüsterungen häufig Wunder zu wirken."

Es gibt keinen Zweifel, daß die segensreichen Möglichkeiten durch seriöse Schlafsuggestion bis heute noch fast unbekannt und ungenutzt sind, obzwar sie unendlich vielem Leid vorbeugen und die Behandlung vieler Übel erfolgreich unterstützen können. Man denke vor allem an bestimmte Verhaltensstörungen bei Jugendlichen, an das Elend durch Rauschgift, Alkoholismus usw., die vielfach ihre letzten Wurzeln im Mangel an Zuneigung, Herzens-

Wunder kommen zu denen, die daran glauben

wärme und Liebe von seiten der Angehörigen haben. Ein guter Teil davon kann gerade auch durch liebevolle Suggestionen bei Tag und eventuell auch bei Nacht von vornherein am Entstehen verhindert oder auch in den Anfangsstadien wunderbar beeinflußt werden. Wer sich die millionenfache Zerstörung der Gesundheit bei Jugendlichen in aller Welt durch Rauschgift vor Augen führt, der sieht auch die Größe des Sumpflandes, das durch Verbreitung der Suggestionsmethode in jeder aufnahmebereiten Familie entscheidend verkleinert werden könnte.

e) Die bedingte Suggestion

Diese kann als Fremd- oder als Selbstsuggestion angewendet werden. Sie stellt in ihrer allein zu empfehlenden positiven Form einen festen Zusammenhang zwischen einer zu erfüllenden Leistung oder Bedingung mit einer dadurch eintretenden Suggestion her. Durch Eintreffen der Bedingung verstärkt sich die Wirkung der Suggestion. Die positive Suggestion steigert wieder die Einsatzfreudigkeit zur Erfüllung der Leistung:

„Wenn Du täglich 10 Minuten Turnübung machst, hast Du in einem halben Jahr die beste Figur von allen Deinen Mitschülerinnen!“

„Wenn Du langsam ißt und gut kaust, ist in einer Woche Dein Magen gesund!“

„Wenn Sie täglich abends ein Auslaugebad[3]) nehmen, gehen in 3 Wochen alle rheumatischen Beschwerden zurück!“

„Wenn Sie das Rauchen ganz einstellen, werden Sie schon in einem Monat glücklich sein: Ihre Nikotinfolgen (Bein, Herz, Sehstörung, Raucherbronchitis usw.) werden rapide schwinden, und Sie werden sich viel wohler fühlen!"

,,Wenn ich zweimal täglich die Suggestionsformel spreche, geht es mir zunehmend besser!"

,,Wenn ich mein tägliches Übungspensum erfülle, werden auch meine Hoffnungen zur Wirklichkeit!" usw.

Gleichzeitig soll man sich vor der Umkehrung, vor den negativen bedingten Suggestionen hüten: Wenn eine schwarze Katze vor dem Autofahrer über die Straße läuft, kommt Unglück. Diese oder bestimmte andere üble Aberglaubensformen rufen bei einem sehr (!) hohen Prozentsatz aller Mitbürger eine autosuggestiv hochwirksame Erwartungsangst hervor. Es gibt Kurpfuscher, Scharlatane, die sich ihre Patienten mit der Drohung der Krebserkrankung an der Stange halten: ,,Wenn Sie die Behandlung abbrechen, bricht der Krebs aus!" Jeder Mensch bekommt wiederholt solche üblen Suggestionen, Ultimata, Drohungen: ,,Wenn dies eintrifft" oder ,,wenn Du dies nicht tust, dann folgt das und das!" Der Schüler der Autosuggestion soll stets wachsam sein, um üble Fremd- und Autosuggestionen sogleich zu erkennen, bewußt abzulehnen, von sich abprallen zu lassen. Er kann sie außerdem durch günstige Gegen-Autosuggestionen umpolen: ,,Wenn dies eintrifft, wird alles besonders gut verlaufen, da ich felsenfest an gutes Gelingen glaube und der Macht meines Glaubens restlos vertraue!"

Wenn ich die Formel spreche, geht es mir stets besser und besser

f) Die Spiegel-Suggestion

Diese Selbstsuggestion vor dem Spiegel, die auch während der morgendlichen und abendlichen Toilette in Form eines aufbauenden Selbstgespräches durchgeführt werden kann, erfährt durch die Selbstbetrachtung eine Unterstützung, die für viele Personen hilfreich ist. Beispielsweise redet man sich vor neuen Aufgaben zu: „Du wirst sehen, wie gut und glatt das geht! Das haben schon viele zustandegebracht, Du kannst es auch! Du wirst es sogar besonders gut machen! Du kannst es ja wirklich! Darum sage Dir immer wieder aus innerer Kraft vor:

Ich kann – ich kann – ich kann!

oder:

Ich glaube es – ich glaube es – ich glaube es!"

oder dgl.

Durch Anwendung dieser oder anderer aufbauender Ansprachen und Suggestionsformeln vor dem Spiegel, bekommt der eigene Gesichtsausdruck oft schon bald eine positive Veränderung: Der Blick wird fester, die Ausstrahlung zuversichtlicher. Diese günstige Veränderung kann man dann an sich selbst wahrnehmen. Aus dem Spiegel strahlt dem Betrachter ein Gesicht voll Zuversicht entgegen, welches wieder die Wirkung der nachfolgenden autosuggestiven Sätze steigert.

g) Die Weg-Suggestion

Da der Schmerz als Wächter der Gesundheit oft über ansonst unbemerkte entzündliche oder andere krankhafte Ereignisse Kunde gibt, ist seiner Mahnung stets Folge zu leisten und der Arzt zu

Rate zu ziehen. Unabhängig davon empfiehlt sich die sofortige Weg-Suggestion. Dies gilt nicht nur bei Schmerzzuständen, sondern vor allem auch bei vielerlei Beschwerden wie Unwohlsein, Unbehagen, Mißstimmung, Gereiztheit, Kummer, Zwangsgedanken, Verbitterung usw. Schon beim ersten Auftreten des Unangenehmen versichere man sich, dem Übel innerlich keinen Vorschub zu leisten und es schon bald überwunden zu haben. Man suche rasch Einsamkeit auf, schließe die Augen und – um die Konzentration zu steigern – fahre man mit der Hand in Kreisbewegungen um die kranke Stelle, im Abstand von wenigen Zentimetern, ohne sie zu berühren. Bei seelischen Belastungen streiche man sich über die Stirne. Dabei sage man sich so schnell als man überhaupt kann:

„Es geht weg-weg-weg-weg-weg …“,

bis der Schmerz oder die Unannehmlichkeit verschwindet. Wichtig ist, daß rasend schnell gesprochen wird, so daß nur mehr ein Summton entsteht, der die einzelnen Worte nicht mehr erkennen läßt. Dies ist durch eine halbe bis eine Minute durchzuführen, mit der Aufgabe, die Schnelligkeit des Sprechens immer mehr zu steigern! Nach kurzer Atempause fährt man sogleich fort, und dies so lange, bis nichts mehr verspürt wird.
Der Sinn der Schnell-Suggestion besteht darin, dem kritischen Verstand des Sprechers die Gelegenheit zu nehmen, sich zwischen den einzelnen Worten hemmend einzuschalten: „Das nützt nichts, der Schmerz ist noch da, hat keinen Zweck“ usw. Spricht man hingegen in so hoher Konzentration und mit so großer Geschwindigkeit, daß weder Zeit noch Möglichkeit für Gegeninformationen oder Widersprüche auftreten können, dann programmiert man

Was mich bedrücken will –
geht vorüber,
vorbei, weg-weg-weg-weg-weg …

ungehemmt und somit erfolgreich sein Unbewußtes auf das Weggehen der Beschwerden. Nach *Zingg*[29]) gleicht das Vorgehen dem Vertreiben einer Fliege, die sich immer wieder auf die Nase setzt: man schlägt so oft zu, bis sie nicht mehr kommt.
Coué, der ohne Zweifel selbst ein Phänomen an Suggestivkraft darstellte, hat besonders viel mit seiner Weg-Suggestion gearbeitet und auch seine Patienten damit arbeiten lassen. Seine vor vielen Zeugen damit erzielten echten Heilungen grenzten sehr oft an das Wunderbare. Hier ein dafür charakteristischer Bericht, den die Ärztin Dr. *Lucci* so wiedergibt[24]):

Fall 28
„Ein Herr mit hartnäckiger Gesichtsneuralgie, der schon über zehn Jahre lang jeder Behandlung und auch einer Operation getrotzt hatte, war dem Selbstmord nahe. Da wandte er sich an *Coué* und wohnte in Nancy den Sitzungen bei. Am ersten Tag mußte er das „çela passe" (es geht weg) etwa über hundert Male sagen, am zweiten Tag nur mehr neunzig Male, und so jeden Tag etwas weniger. Im Laufe einer Woche war es so weit, daß er jede Andeutung von Schmerz sich sofort durch das „çela passe" fernhalten konnte, und nach drei Wochen brauchte er es nur mehr ganz selten anzuwenden. Der Mann ist seither, das ist nun einige Jahre, schmerzfrei und gesund."

Wenn heute, mit welcher Methode auch immer, Heilerfolge erzielt werden, die sich mit der üblichen Schulweisheit nicht erklären lassen, pflegen bestimmte Personen herablassend zu erklären: „Das war *nur* Suggestion!" Es ist, als ob eine Heilung durch Suggestion etwas Zweitklassiges oder Minderwertiges darstelle. In Wirklichkeit gibt es aber keine einzige erfolgreiche Therapie – ob mit Medikamenten, Operation, Naturheilverfahren –, in der nicht der Glaube an den Arzt, an die Therapie, an den Erfolg oder an andere dadurch ausgelöste positive Suggestionen eine große Rolle spielt. Gleichgültig, ob der Arzt oder ob der Patient davon wissen oder nicht. Auch gibt es auf der ganzen Welt keinen Arzt, der nicht, allein schon durch seine Tätigkeit – bewußt oder unbewußt – starke Suggestionen setzt! Es wäre nur bedauerlich für den Patienten, wenn der Arzt diese wichtigen Zusammenhänge nicht erkennen und nicht beachten würde. Geringschätzung der Suggestion durch den Arzt wäre Geringschätzung eines Haupt-Hilfsmittels seiner eigenen Therapie!

Abgrenzung zur Mantra-Praxis

Im letzten Jahrzehnt gelangt zunehmend über östliche Religionssysteme und über Sekten, leider vielfach in verzerrten Formen, die uralte Methode der seelischen Selbstbeeinflussung durch mantrische Wortfolgen wieder vermehrt in das Abendland. Auch in diesem besitzt die Mantra-Praxis alte Tradition. Sie findet sich noch in vielen Litaneien und rituellen Gebeten, vor allem in lateinischer und griechischer Sprache, die nach mantrischen Regeln gebaut sind. Da die Mantra-Praxis heute mancherorts „in Mode" gekommen ist und durch die Spruchwiederholungen gewisse Parallelen zur Autosuggestion nach *Coué* aufweist, kommen Verwechslungen und Vermischungen vor, die hier eine klare Abgrenzung erforderlich machen.

Die Mantra-Praxis ist eine für die Meditation geeignete spirituelle Wortübung. Dabei haben bestimmte, nach geistigen Einsichten geformte Lautfolgen der menschlichen Sprache, in Form von Sprüchen, den sogenannten Mantras, auf das Innere des Suchenden einzuwirken. Der jeweils nach eigenem Empfinden ausgewählte Spruch wird wie eine Suggestionsformel immer wieder innerlich wiederholt und dies – ohne zu zählen – so lange, wie es dem

Der weiche Halm
durchbricht die harte Erde

Laotse

klar zu verspürenden Bedürfnis des Meditierenden entspricht.
Im Gegensatz zur Anwendung aller Suggestionsformeln ist ein Mantram nie zu sprechen oder zu flüstern; es ist vom Abendländer nur *unhörbar* anzuwenden, d.h. in sich einzudenken, wobei weder Zunge noch Mund bewegt werden sollen. Das Mantram bezeichnet *Bô Yin Râ*[36]) als „bedeutsames Formungsmittel der Seele". Das gedankliche Einsprechen nach Innen soll so erfolgen, „daß es gleichsam zu einer *‚Kommunion'*, zu einem *geistigen Aufnehmen,* zu einem Genuß der Worte als *geistiger Speise* wird." Hierin bestehen somit grundlegende Unterschiede zur bewußten Autosuggestion. Das im Westen bekannteste Mantram heißt

Om mani padme hum

Lama *A. Govinda*[37]) hat es aus tibetischer Sicht ausführlich kommentiert. Vielleicht kann man es so übersetzen: „Oh, göttliches Ur-Sein – das Geheimnis liegt in der Lotosblüte!"
Aber auf den verstandesmäßig erfaßbaren Text kommt es dabei nicht an, wie auch bei einem edlen Musikstück, dessen Name nur von geringster Bedeutung ist. Beim Mantram wirken die gedachten *Laut*folgen, bei der Musik die gespielten *Ton*folgen. *Wilhelm Bodmershof,* der große Kenner meditativer und spiritueller Methoden, erklärt in seinem Buch „Geistige Versenkung"[38]), daß die besondere Wirkung des Mantrams in der Korrespondenz zwischen den sich wiederholenden Lautfolgen des Spruches und den spirituellen Entsprechungskräften im Menschen liegt. Das Mantram zielt auf die hohen seelisch-geistigen Seinsschichten des Meditierenden hin.

Während sich die beschriebene Form der Autosuggestion für jeden eignet, der ihre Zusammenhänge versteht und sie für sich anwenden will, kann sich die Mantra-Praxis wohl nur dem religiös Suchenden erschließen. Dazu darf die Methode aber nicht nach den vielfach fragwürdigen Richtlinien mancher Sekten praktiziert werden. *Bô Yin Râ* warnt ausdrücklich vor den Gefahren falscher Anwendung und beschreibt die Praxis in seiner kleinen Schrift

„Funken – Mantra-Praxis“[36]), wo er 22 Mantras in deutscher Sprache, die „Funken“, anführt. Sowohl bei der Autosuggestion wie bei der Mantra-Praxis gilt für die Durchführung ein gleiches Gebot:

„Niemals soll irgendeine *Anspannung,* niemals auch nur der geringste *Selbstzwang* dabei erfolgen!“[36])

Die Kombination von bewußter Autosuggestion und Mantra-Praxis hat sich bei den für beide Methoden geeigneten Personen bewährt. Dabei muß aber jede Methode für sich allein, genau nach den ihr zukommenden eigenen Anwendungsformen betrieben werden. Wer zu *einer* Zeit am Klavier, zu einer *anderen* an der Flöte spielt, kann für sich nur gewinnen, wenn er jedes Instrument nach seiner Weise zu handhaben weiß.

Jung zu sein ist keine Frage des Alters

, ein bischen schon.

4. 12. 07

18. Kapitel
Der Glaube an die Suggestionsformel

Wie besprochen, wird das Vorsagen eines Suggestionssatzes von dem Augenblick an wirksam, an dem der Satz vom Unbewußten gläubig angenommen wird. Dies setzt oft schon beim *ersten* Vorsprechen ein, kann aber auch sehr *lange* dauern, wenn der eifrige Verstand durch sein Veto die Annahme verhindert. Der Verstand kann sogar so überkritisch oder so negativ sein, daß manche Personen grundsätzlich auf fast alles Positive von vorneherein skeptisch-ungläubig-ablehnend reagieren. Hoffnung gebende Worte, Zuspruch, Aufmunterung werden abgewertet, Erfolge zu Ausnahmen degradiert, die angeblich nur die Regel des Dauermißlingens bestätigen.

Auch diesen Menschen ist zu helfen, vorausgesetzt, daß sie richtig mitmachen und sich die Botschaft vom Bessergehen konsequent vorsagen. *Es kommt nur auf die Konsequenz an!* Das alltägliche Vorsprechen mit seinen Wiederholungen macht schließlich sogar den kritischsten Verstand mürbe. Eines Tages erkennt er, daß sein ständiges Einschreiten gegen die Formel vergebliche Mühe ist, wenn nur das Vorsprechen *unbeirrt und unverdrossen* fortgesetzt wird. Der Verstand wird dadurch des Kampfes überdrüssig und resigniert schließlich. Wachsamkeit und Widerstand erlahmen, die bislang scharf bewachte Türe geht auf und das Unbewußte nimmt die Formel gläubig an. Von dem Augenblick an macht sich der geheimnisvolle Helfer an die Arbeit: Bald schon durchflutet ein aufbauendes harmonisierendes Empfinden das ganze Wesen des Übenden. Es stimmt ihn zum Positiven um, läßt ihn ein allmähliches Bessergehen oder Ordnen der inneren Heilkräfte verspüren, sowie ein Wachsen eines kraftvollen Glaubens an gutes Gelingen. Dementsprechend kann man sagen:

Wird die Formel einmal voll vom Unbewußten angenommen und geglaubt, dann kommt ein Besserwerden ebenso sicher wie das Aufgehen der Sonne am nächsten Morgen (und sei es hinter Wolken).

Das Eintreten des Aufschwunges kann gerade bei überkritischen Personen durch die unterschwellige Suggestion mit Hilfe der Kugelschnur beschleunigt werden. Hier empfiehlt sich die Methode, sogar pro Absatz der Formel je 1 Kugel zu ergreifen, dann wie zur Bestätigung des Absatzes bewußt leicht zu drücken und erst danach in die andere Hand, zum „Besseren" hin „gehen" zu lassen.

Welche unglaubliche Wirkung ausdauernd wiederholte suggestive Sätze entfalten, das weiß die Werbung:

Die Wirkungsweise von zunächst völlig unglaubwürdigen Aussagen ist aus der Werbung, von Werbespots oder -slogans bekannt:

Wir hören einen Werbespruch beispielsweise über die *„Neueste und beste Zahnpasta".* Wir glauben im allgemeinen von einem solchen Spruch kein einziges Wort. Wir nehmen ihn also nicht an. Aber wir hören ihn nicht 5-, 10- oder 20mal, sondern wir hören ihn vielleicht 100-, 200-, 300mal, durch Tage, Wochen, Monate. Schließlich sind wir es müde geworden, uns jedesmal dabei zu erinnern, daß wir nicht daran glauben. Wir geben es auf und lassen uns einfach „ungeschützt" berieseln. Die Tür zum Unbewußten ist somit nicht mehr blockiert, der Spruch geht durch und wird geglaubt. Wir kaufen schon beim nächsten Mal wie automatisch eben diese *„Neueste und beste Zahnpasta".* Wenn sich die Zusammenhänge nicht so verhalten würden, dann könnten für die Werbung in aller Welt nicht tagtäglich ungezählte Millionen verausgabt werden. Werbung ist Fremdsuggestion,

Es geht mir mit jedem Tag
in jeder Hinsicht
immer besser und besser!

deren hohe Kosten sich wieder mit Gewinn hereinbringen. Mit gleicher Verläßlichkeit wirken bewußte Autosuggestionen.

Wie diese sogar die mächtigsten Sperr-Riegel der Hoffnungslosigkeit, Enttäuschung und Verzweiflung aufsprengen können, sobald ihnen von innen her Glauben geschenkt wird, geht auch aus der Behandlungsmethode des amerikanischen Krebsarztes *Carl Simonton* hervor[45]).

Die Behandlungsmethode von Dr. Simonton

Dieser Arzt aus Texas hatte mit 17 Jahren Krebs und konnte geheilt werden. Seine eigenen Erfahrungen machten ihn auf die enorme Bedeutung der inneren Einstellung und des Glaubens an sich selbst aufmerksam. Daher sieht Dr. *Simonton* sein erstes Behandlungsziel darin, seinen Patienten zum Umdenken (!) zu bringen. Er klärt ihn rückhaltlos über die Gefahren seiner Erkrankung auf und gibt ihm dennoch wieder Hoffnung; er nimmt ihm auch die negativen Erwartungen, die er mit der Behandlung meist verbindet, ob Bestrahlung, Operation oder Chemotherapie, und er lehrt ihn, daß der wichtigste Faktor bei der Krebsbekämpfung *er selbst und sein Glaube an sich selber ist.*
Die medizinische Therapie seiner Patienten ist die heute allgemein übliche, die psychologische hingegen besteht vor allem in einer Übung, die der Kranke 3mal täglich laut Tonbandkassette durchzuführen hat. Sie beginnt mit einer *Entspannungsübung.* Diese geht in eine *Zielmeditation* mit der *Vision der Heilung* über. Der Kranke hat sich vorzustellen, wie die Bestrahlungen den Krebs verbrennen, wie seine weißen Blutkörperchen die kranken Zellen attackieren, sie zertrümmern und stückweise zum Verschwinden bringen, und wie sein Körper stark genug ist, um sich wieder ganz zu heilen. Dazu erhält der Kranke die Suggestionen:

Sie spüren, wie der Krebs schrumpft!

Sie fühlen, wie Leber und Nieren seine Zellen aus Ihrem Körper transportieren!

Es geht Ihnen augenblicklich besser!

Sie entwickeln mehr Kraft, mehr Freude, mehr Appetit!

Sie wissen, daß Sie es schaffen werden!

Am Ende der Suggestionen hat sich der Patient wiederholt die folgende Formel als Autosuggestion vorzusagen:

Mein Körper ist stark genug, um mich wieder gesund zu machen!

Nach den Berichten aus der Krebsklinik in Fort Worth sind die Behandlungsergebnisse Dr. *Simonton*s oft wesentlich günstiger als die der entsprechenden Vergleichsfälle. Eindrucksvoll ist auch, daß damit bestimmte, andernorts bereits völlig aufgegebene Krebskranke gerettet und zum Teil auch geheilt worden sein sollen. Einige aufsehenerregende Veröffentlichungen mit Fallberichten in einer deutschsprachigen Zeitschrift[46]) fanden starkes Echo. Namhafte Ärzte bezogen Stellung. Neben den Erklärungen, daß man wisse, daß die *positive Einstellung des Kranken und sein Lebenswille wichtig für jeden Heilerfolg* seien, sollte doch vor allem die lehrreiche Erläuterung des prominenten österreichischen Neurologen Professor Dr. *W. Birkmayer* dazu wörtlich zitiert werden:

Mein Körper ist stark genug, um mich wieder gesund zu machen!

Simonton

„Jedes Wachstum von Geweben im Körper, also auch das Wachsen von Krebsgewebe, steht unter der Direktion des parasympathischen Nervensystems. Dieses System steuert die Sauerstoffzufuhr zu den Körperzellen. Mehr Sauerstoff bedeutet Behinderung der Zellwucherungen. Das parasympathische Nervensystem steuert aber auch die Stimmungslage des Menschen. *In einer gehobenen Stimmungslage kann ein dem Leben gegenüber positiv eingestellter Mensch das Weiterwuchern von Tumoren ganz sicher hemmen.*"

Diese Erklärung macht es leicht verständlich, warum ein zuversichtliches *„Psychotraining"* im Sinne der bewußten Autosuggestion sowohl echte vorbeugende wie auch heilende Wirkung entfaltet und warum man es nicht vorübergehend, sondern ständig durchführen sollte. Die Rolle unseres Denkens und Glaubens ist so schicksals-entscheidend, daß wir lernen müssen, nicht mehr die Sklaven unserer zügellosen Gedanken und Emotionen zu sein und uns immer mehr selbst zum Herrn und Meister unseres Gedanken- und Empfindungslebens zu machen. So können wir uns bestimmen, dem Leben gegenüber positiv eingestellt zu sein und es vermehrt in gehobener Stimmungslage zu verbringen.
Da jedes krampfhafte Sich-Bemühen oder Zwingen nur Mißerfolg bringt, sind Suggestionsformeln nur gelassen, „gemütlich", ohne alle Anspannung anzuwenden. Es genügt die bewußte innere Einstellung und Ausrichtung zum Positiven, und der feste Glaube (oder das Wissen), daß die konsequente Anwendung einer aufbauenden Formel, mit aller Sicherheit, eines Tages über den Zeitpunkt gelangt, an dem die Selbstbeeinflussung die eigenen Gestaltungs- und Bildekräfte erfaßt und zum Wirken bringt. Dann aber wird man sich aus eigenem Erleben, mit vollem Recht und aus innerster Überzeugung vorsagen:

Es geht mir mit jedem Tag – in jeder Hinsicht – immer besser und besser!

Ich glaube es – ich glaube es – ich glaube es!

19. Kapitel

Autosuggestive Selbst-ansprachen

a) Allgemeines

Über den langen Tag finden sich für jeden tausend Gelegenheiten, um sich mit aufbauenden Ideen zu erfüllen. Gesprochene oder geflüsterte Worte wirken stärker als Gedanken allein. Zuversichtliche Selbstgespräche, wenn man allein ist, beim An- und Auskleiden, unter der Dusche, beim Rasieren, Frisieren, wenn das Radio laut tönt, beim Autofahren auf ruhigen Strecken, beim Spazierengehen, Geschirrwaschen oder bei bestimmten automatisch zu verrichtenden Tätigkeiten, sind echte Hilfen. So kann man sich mit positiven Vorsätzen und allem, was gut und förderlich ist, innerlich erfüllen. Auch die Einstellung zum Leben, zu den Mitmenschen, zum Beruf und zum Gelingen seiner Pläne läßt sich verbessern. Die Römer sagten: „Semper aliquid haeret" – immer bleibt etwas haften. Mit der Zeit haftet dann erstaunlich viel: Die „Aussprachen mit sich selbst" vertreiben Unsicherheiten, Unklarheiten, versteckte Zweifel und Ängste. Dafür bringen sie mehr an Gelassenheit, Selbstsicherheit, Lebensmut, Heiterkeit und Frohsinn.

Aufbauende Worte wirken weiter, weiter, weiter . . .

b) Morgengespräch

Schon des Morgens während der Morgentoilette können wir uns auf einen guten Tag einstimmen und uns etwa sagen:
„Mit jedem Tag beginne ich ein neues Leben. Ich eröffne mich mit Zuversicht einem neuen frohen Morgen und einem neuen guten Tag. Was immer ich heute beginne, wird mir leicht und gut von der Hand gehen. Alle Tätigkeiten werden mir gut gelingen und mich zufrieden und glücklich machen! Glück ist die ‚Befriedigung des Schaffenden an seiner Schöpfung'[6]). In diesem Sinne glaube ich an mein Glück und an meine Fähigkeit, Glück zu schaffen. Auch heute werde ich alle meine Vorhaben in Beruf, Familie, Ehe, Liebe, Freizeit zur größten Zufriedenheit von mir und allen Beteiligten erfüllen. So steht dieser Tag von Anfang an unter einem guten Stern. Freude und Zuversicht sind meine Begleiter! Es wird ein glücklicher Tag!"

Natürlich kann man auch ganz andere Worten wählen oder sich einfache Verse vorsagen oder – was für manche sogar noch günstiger ist – sich einige Strophen vorsingen wie etwa:

Heute ist ein guter Tag
Alles gut gelingen mag!
Jeder Schritt auf meinen Wegen
Bringt mir Freude, Glück und Segen!
So geh ich voll Zuversicht
In die Zukunft hell und licht!

Fall 29
Dirigent, 58, führt wegen rheumatischer Beschwerden eine Entschlackungskur nach *Dr. F. X. Mayr* durch. Im Sanatorium erhält er, wie alle anderen Kurgäste auch, über Zimmerradio jeden Abend vor dem Einschlafen eine ärztlich gesprochene gezielte „Berieselung" mit aufbauenden Suggestionen. Während dieser monoton gesprochenen Suggestionen schläft der Dirigent regelmä-

ßig gut ein (dies beeinträchtigt nicht die Wirkung!). Nach 10 Tagen berichtet er: ,,Seit Jahren bin ich jeden Morgen bis mittags depressiv, unansprechbar, gereizt. Da kann ich auch nichts Gescheites anfangen, da mir zu dieser Zeit einfach alles mißlingt" (negative Autosuggestion!). ,,Seit ich hier im Sanatorium bin, ist alles anders. Ich erwache viel frischer und zuversichtlicher und bin besser gelaunt. Um zu sehen, ob das nur die Kur ist oder auch die Suggestionen sind, sage ich mir jetzt regelmäßig Ihre Formeln und einige Sätze Ihrer Abendsendung nach dem Erwachen vor. Ich wollte es gar nicht glauben, aber die Wirkung ist frappant. Die Reste der Morgendepression sind dann wie weggeblasen, und ich fühle mich tatsächlich völlig zuversichtlich und sofort arbeitsfreudig. Jetzt lese ich schon des Morgens genußvoll am Balkon meine Partituren, anstatt mich niedergeschlagen und verdrossen mit allen Menschen, die nicht rechtzeitig einen Bogen um mich machen, herumzuschlagen. Meine Frau wird das nicht glauben können, und der Gewinn für mich ist nicht zu ermessen: Ich weiß jetzt mir den täglichen Morgenfrieden und einen schönen halben Arbeitstag dazu zu gewinnen. Wirklich: Es geht mir mit jedem Tag, in jeder Hinsicht, immer besser und besser!"

c) Tagsüber

Auch tagsüber können wir unsere durch Probleme, Schwierigkeiten, Verstimmungen vielleicht angeschlagene ,,Moral" durch einfache kurze Selbstansprachen wieder aufrichten. Wir wissen wohl, daß

Ein freundliches Lächeln ist mehr als die beste Gesichtspflege

wir mitunter zu empfindlich sind, daß wir nicht alles im Leben so ernst nehmen sollten, daß wir öfters mehr Humor bräuchten usw., aber wir müssen es uns auch immer wieder einmal vorsagen, um uns daran zu erinnern. Jeder Mensch weiß, daß Zureden hilft. Also reden wir uns gut zu, helfen wir uns mit den guten Worten, mit denen wir einen Freund in der gleichen Situation aufrichten würden. Es wird helfen, wir finden wieder die rechte Einstellung.

Was Einstellung vermag, lehren zahllose Beispiele aus der Geschichte. *Napoleon* hat als Oberkommandierender, trotz höchster Ansteckungsgefahr, die Pestkranken in Ägypten besucht. Er tat dies bewußt mit dem felsenfesten Glauben, daß er dank seiner Einstellung, unbesiegbar zu sein, nicht angesteckt werden könnte. Auch als Kaiser „arbeitete" er mit starken autosuggestiven Waffen: „l'Empereur ne connaît autre maladie que la mort!" Der Kaiser kennt keine andere Krankheit als den Tod! Und er hielt sich danach! Als *Goethe* einmal krank zu Bette lag und es ihm unmöglich erschien, an einer wichtigen Zeremonie bei Hof teilzunehmen, da wandte er die Formel *Napoleon*s an und erklärte seinem Leibarzt, er werde, wenn nicht tot, pünktlich zur Stelle sein. Die Autosuggestion half. *Goethe* stellte bei Hofe zur rechten Stunde seinen Mann!

Gespräche mit sich selbst sollen ihren Ausgangspunkt im höheren Ich des Menschen, also im „Überbewußten" finden. Es kann den ängstlichen, schwächlichen, zaghaften Kräften, die sich in jeder Seele aufdecken lassen, Zuspruch, Zuversicht und Mut geben, sie „auf Vordermann" bringen und Hilfe schaffen.

Auch die jeweiligen besonderen Probleme des Alltags kann man so mit sich besprechen: Das höhere Ich redet mit den niedrigeren Kräften, rät und hilft. Beispielsweise kann sich der *Nervöse* sagen:

d) Bei Nervosität

„Im Grunde meines Seins bin ich ruhig und harmonisch. Diese innere Ruhe breitet sich sanft und wohltuend über mein ganzes Ich aus. Meine innere Ruhe ist wie eine gute Wolke, die mich immer mehr durchdringt, ausfüllt und einhüllt. Daher bin ich auch im ganzen immer ruhiger, freier und gelassener. Ich stehe immer mehr über den Dingen und Umständen des Alltags. Ich ruhe fest in mir selbst. Durch meine innere Harmonie bin ich allem, was auch immer kommen mag, gut gewachsen, ja sogar klar überlegen. So bin ich ganz gelassen, ruhig, froh und frei. Meine Ruhe wirkt weiter, wirkt weiter, wirkt weiter..."

e) Bei Minderwertigkeitsgefühlen

„Ich vertraue den mir innewohnenden Kräften, ich glaube an mich selbst. Ich gewinne mit jedem Tag mehr Selbstvertrauen. Dieses Vertrauen gibt mir ständig neuen Lebensmut. Ich weiß, daß ich alles, was ich zu tun wünsche, wenn es sich um Vernunftsgemäßes handelt, nicht nur gut, sondern sogar sehr gut ausführen kann. Ich weiß um meinen wahren Wert! Ich arbeite regelmäßig und erfolgreich an meiner Selbstentwicklung und fühle täglich meine Kräfte wachsen. Ich liebe das Leben und schaffe es! Was ich tue, mache ich, weil ich es kann. Ich kann es, weil ich Kraft

Es geht mir mit jedem Tag
in jeder Hinsicht
immer besser und besser!

und Fähigkeit dazu besitze. Alles, was ich im Glauben an mich beginne, gelingt mir. Ich kann – weil ich glaube – daß ich kann: Ich kann – ich kann – ich kann!.."

f) Bei Schlafstörungen

„Ich freue mich auf den Schlaf. Ich schlafe leicht ein und schlafe gut durch: Ich schlafe des Nachts ganz ruhig und fest. Ich bin müde. Meine Augen sind bleiern müde und bleiben schwer. Auch mein ganzer Körper ist bleiern müde und schwer. Meine Glieder sind schwer wie Blei. Ich muß gähnen, so müde bin ich. Ich werde gut und fest schlafen und morgen früh frisch und froh erwachen. Gedanken sind mir egal; sie verschwinden von selbst. Ich bin müde und bleiern schwer. Ich lasse los, Ruhe, Stille, Frieden kehren in mir ein. Ich schlafe in Frieden mit mir und der Welt. Mein Unbewußtes arbeitet an der Suggestion: Ich schlafe des Nachts ganz ruhig und fest... ich schlafe... ich schlafe... ich schlafe..."

Schon während des Sprechens dieser oder ähnlicher Worte lasse man die Kugelkette durch die Finger gleiten und fahre damit wie auf S. 132 beschrieben bis zum Einschlafen fort.

g) Bei aufbrausendem Naturell, Reizbarkeit, Jähzorn

„Ich bin viel gelassener, beherrschter und in guter Laune. Ich begegne meinen Mitmenschen fröhlich, mit Verständnis und Güte. Meine gute Stimmung wirkt sich auch auf meine Umgebung aus. Sie hatte es nicht immer leicht mit mir. Daher bin ich um so freundlicher und liebenswürdiger. Ich bin sehr ausgeglichen, ja ich bin jetzt besser als je zuvor! Und so bleibe ich! Ich zeige es mir und allen Menschen, was ich kann! Alle sollen meine gute gelassene Art kennenlernen. Ich selbst bin froh und dankbar. Ich gehe mit großer Gelassenheit und Zuversicht in den neuen Tag: gelassen ... gelassen ... gelassen ..."

h) Bei anderen Bedürfnissen

Man kann sich in entsprechender Weise auch bei anderen Bedürfnissen suggestive Sätze vorsagen. Was man dazu alles an „Ingredienzien“ einbauen kann, geht aus dem nachfolgenden Rezept für ein komplettes Jahresprogramm hervor:

Froher Mensch – reicher Mensch

Neujahrsrezept für das ganze Jahr)*

Man nehme

12 Monate, putze sie ganz sauber von Bitterkeit, Geiz, Pedanterie und Angst, und zerlege jeden Monat in 30 oder 31 Teile, so daß der Vorrat genau für ein Jahr reicht. Es wird jeder Tag einzeln angerichtet aus einem Teil *Arbeit* und zwei Teilen *Frohsinn* und *Humor.* Man füge 3 gehäufte Eßlöffel *Optimismus* bei und einen Teelöffel *Toleranz,* ein Körnchen *Ironie* und eine gute Prise *Rücksicht und Takt.* Hierauf wird die Masse sehr reichlich mit *Liebe* gewürzt. Das fertige Gericht schmücke man mit Sträußchen kleiner *Aufmerksamkeiten* und serviere es täglich mit *Heiterkeit,* zusammen mit einer gut dosierten Tasse nicht zu heißem *Temperament!*

*) Entnommen aus ,,Autosuggestion" – Zeitschrift für positive Lebensgestaltung, Heft 2/1981[27]).

20. Kapitel
Die äußere Selbst-Mithilfe

Es genügt nicht zum Fluß zu kommen,
um Fische zu fangen. Man muß auch
ein Netz mitbringen. Chinesisch

Für alle Ratschläge dieses Buches gilt, auch wenn nicht immer eigens angeführt, stets die Notwendigkeit der gleichzeitig anzuwendenden äußeren Selbst-Mithilfe. *Die segensreichen Methoden positiver Selbstbeeinflussung können erst dann volle Wirksamkeit erlangen, wenn sie mit den entsprechenden tatkräftigen äußeren Bemühungen, wie sie der natürliche Menschenverstand gebietet, einhergehen.* Die innere Selbst-Mithilfe bedarf immer ihrer äußeren Entsprechung. Die bewußte Autosuggestion ist nicht dazu da, die unumgänglich notwendigen Wege und Mühen des Lebens zu ersparen, sondern dazu, dem Menschen zu helfen, seine Ziele mit mehr Erfolg und Segen zu erreichen. Das Er-glauben von Hilfe bleibt so lange eine halbherzige Maßnahme, solange man gleichzeitig seine Hände in den Schoß legt. Der Kranke gehe zum Arzt; der Steuerschuldner zum Steuerberater; der Bestohlene zur Polizei; der Friedensuchende mache seinem Gegner ein Angebot der Güte, und der Prüfungskandidat studiere gründlich seinen Prüfungsstoff. Bloßes Er-glauben eines Prüfungserfolges, ohne entsprechendes Lernen, ist zu wenig.

Die Anwendung der Autosuggestion ist kein Ersatz für ärztliche Behandlung . . .

Coué

Wer alle Hilfe allein von seinem Glauben an Erfolg erwartet, der erntet ebenso Enttäuschung wie jener, der alle Hilfe allein von äußeren Maßnahmen erhofft.

Um die Bedeutung der Erfüllung der äußeren Voraussetzungen zu unterstreichen, hat der Arzt Dr. *Segesser* gefordert, die Zentralformel von *Coué* zu ergänzen[27]): „... weil ich in jeder Beziehung meine Pflicht tue."

Nach *Bô Yin Râ* verliert die Kraft des Glaubens ihren Lebensnerv, wenn sie nicht mit dem gleichzeitigen Einsatz aller äußeren Bemühungen, mit dem Treffen aller erforderlichen äußeren Maßnahmen kombiniert wird:

„Ohne Anspannung aller Deiner übrigen Kräfte ist die Kraft Deines Glaubens biegsames Blei, – erst dadurch, daß Du trotz allem Vertrauen in die Kraft Deines Glaubens, jede nur auffindbare Energie in Dir, um Dir selbst zu helfen, auch nach außen hin tätig werden läßt, wird die Kraft Deines Glaubens zu federndem Stahl, zu einer ‚Toledoklinge', die auch am härtesten Widerstand nicht zerbricht und schließlich den Knoten durchschlägt und durchschneidet, der sich anders nicht mehr lösen läßt..."

Erfolg ist am ehesten zu erringen, wenn zugleich *alle inneren und alle äußeren Hilfen* eingesetzt werden. Die bewußte Autosuggestion ist die große innere Hilfsmöglichkeit, aber keine Ersatzhandlung für äußere Bemühungen. Man soll das *eine* tun, aber deshalb nicht das *andere* lassen!

21. Kapitel
Autosuggestion und Religion

Der wahre Arzt beugt sich ehrfurchtsvoll vor der Gottheit.

Hippokrates (460–377 v. Chr.)

Bewußte Selbstbeeinflussung und Religion sind zwei Bereiche, die sich vielfach berühren und stellenweise ineinander übergehen. *Coué* wollte als Forscher seine Methode der Autosuggestion streng getrennt halten von allen religiösen Bestrebungen. Mit Recht. Er mußte klarstellen, was seine Selbstbeeinflussungstechnik allein, aus sich heraus, vermag. Er forschte konsequent an den von ihm entdeckten Lebensgesetzen, um ihre bestmögliche Nutzung zum Wohle des Menschen erkennen zu können. Diese Gesetze der Suggestion und Autosuggestion existieren ja nicht nur für diejenigen, die sie beachten, sondern für jeden Menschen ohne Ausnahme. Keiner kann sich ihnen entziehen, ob er an sie glaubt oder nicht. Daher steht auch ihre Beachtung und Nutzung jedem Erdenbürger offen, gleichgültig zu welchem Glauben er sich bekennt oder ob er religiös ist oder nicht.

Die automatische Wirkung dieser Gesetze hat *Coué* mit der Verwendung eines geladenen Revolvers verglichen.

Eine überkluge Dame sagte einmal vor einem großen Personenkreis provokant zu *Coué:* ,,Was Sie da erzählen, glaube ich nicht!“
Der Meister antwortete lächelnd[19]):

Wenn ihr Glauben habt
wie ein Senfkorn, noch besser, wie Granit,
nichts wird euch unmöglich sein

Matth. 9, 29

„Madame, wissen Sie was ein Revolver ist? Ich nehme einmal an, Sie wüßten es nicht! Ich gebe Ihnen nun einen geladenen Revolver in die Hand und warne Sie, den Abzug zu berühren. Tun Sie es dennoch, so wird sich zweifellos ein Schuß lösen, der Sie oder andere schwer verletzen könnte. Ob Sie das nun glauben oder nicht, ist hierbei belanglos."

Es sind nun einmal Tatsachen:

- Jeder Mensch betreibt Suggestion und Autosuggestion.
- Jeder beeinflußt damit sich selbst und seine Umwelt.
- Jeder ist selbst der Denker und Gestalter seiner inneren Welt.
- Jeder kann seine Gedanken-, Vorstellungs- und Glaubenskräfte zu seinen Gunsten beeinflussen lernen.

Und:

- Jeder kann suggestiv mithelfen, seine körperliche und seelische Gesundheit zu stärken, verhütbares Unheil zu verhindern und sein Leben besser zu meistern.

Die *Coué-Methode* konzentriert sich somit auf das, was der Erdenbürger selbst, aus sich heraus, aus eigener Macht zu bewirken vermag. Im Gegensatz dazu konzentriert sich jede *Religion* auf eine höchste überirdische Macht. Das Wort Religion kommt von re-ligio, d. h. Rück-verbindung, worunter die geistige Rückverbindung des Irdischen mit dem Göttlichen verstanden wird. Die Vorstellung der Gottheit unterscheidet sich zwar bei den einzelnen Religionen, aber alle Glaubensrichtungen verheißen gleichermaßen dem Gläubigen eine schon zu Lebzeiten mögliche innere Verbindung mit dem Ewigen, die zu Erlösung von Schuld, Hilfe in Not und zum Empfang von Kraft und Segen führen könne. Die Beachtung bestimmter Gebote und ein gottgefälliges Leben fördere die Hilfe von oben, wobei der Gläubige seine primitiven, niederen Impulse stets unter seine höheren und höchsten zu stellen habe. Außerdem verkünden alle Glaubensrichtungen, wenn auch mit anderen Worten:

Das Reich Gottes ist inwendig in dir! (Lukas 17,21)

Damit bringen sie zum Ausdruck, daß die Verbindung mit dem Ewigen nur inwendig, im Menschen selbst zu finden ist. Von jedem einzelnen selbst, von seinen Bemühungen, von seinen Gedanken, Worten und Werken hängt es ab, was *Laotse* schon vor 2500 Jahren zum Ausdruck gebracht hat:

Der Mensch hat es in der Hand, sein Schicksal zu gestalten, je nachdem, ob er sich durch sein Benehmen dem Einfluß der segnenden oder der zerstörenden Kräfte aussetzt.

Unzählige Gläubige aus aller Welt bezeugen dies. Sie haben ihr Leben unter den Einfluß der segnenden himmlischen Mächte gestellt, und schöpfen aus den Brunnen des ewigen Lebens höhere Einsicht, Frieden und Kraft.

Es ist selbstverständlich, daß so weit fortgeschrittene Religiöse keine Beschäftigung mit der Methode der Autosuggestion benötigen. Wohl machen auch diese Gläubigen ständig ihre Selbstbeeinflussungen, aber letztere sind bereits durch ihre Glaubensrichtung in geordnete Bahnen gelenkt und möglicherweise auch noch durch höhere transzendente Einflüsse überformt. Ihre Autosuggestionen sind nicht mehr unbewußt, ungehemmt, unkontrolliert, sondern bereits einheitlich auf die Gestaltung und Verwirklichung höherer Lebensinhalte eingestellt. Gewiß würde solchen Gläubigen das Studium der Lebensgesetze von *Coué*, der Todsünden gegen den inneren Arzt, der Richtlinien zur Selbsterziehung des Gedankenlebens usw. nicht schaden! Im Gegenteil!

Es ist nicht genug
zu wissen –
man muß auch anwenden

Goethe

Grundsätzlich ist es aber für keinen wirklich religiös strebenden Menschen erforderlich, sich mit der bewußten Autosuggestion auseinanderzusetzen, denn in jeder echten Religion steht ja an zentraler Stelle die Pflicht des Gläubigen zur Selbstbeeinflussung zum Guten, zur Selbsterziehung und zur Selbstveredlung! Die Pflicht zum gottgefälligen Leben!

Aber solche fortgeschrittene Gläubige, die man schon an ihrem Charisma und an ihrer spezifischen Ausstrahlung erkennt, findet man leider selten. Im Gegensatz dazu trifft man heute zunehmend mehr Nichtgläubige und vor allem Gleichgültige, die allem Religiösen interesselos gegenüberstehen. Und unter den „Gläubigen" sieht man nicht wenige, die zwar in schlechten Zeiten der Gottheit ihr Herz ausschütten, die ihre Klagen und Wünsche vorbringen, die aber kaum ernste Anstalten machen, an sich selbst zu arbeiten und etwas für das eigene Besserwerden zu tun. Und gerade sie lehnen nicht selten selbsterzieherische Methoden wie die *Coué*-Methode entrüstet ab, da diese angeblich eine Abweichung oder Verirrung vom religiösen Weg darstellen. Aber sie irren:

Zwischen der Ausübung eines religiösen Glaubens und der bewußten Autosuggestion besteht kein Widerspruch! Im Gegenteil!

Die Autosuggestion dient dem Lenken chaotischer Gestaltungskräfte des Unbewußten, indem wir uns der hier wirkenden Gesetze bedienen, anstatt ihnen unwissend und blind ausgeliefert zu bleiben. Es wäre nicht nur unsinnig, sondern auch unreligiös, eine so segensreiche Methode wie die Autosuggestion nicht zum Wohle von sich und seinen Mitmenschen anzuwenden. Gehört es doch zu den menschlichen Pflichten, seine Geistesgaben einzusetzen und alle Kräfte anzuwenden, um für sich und seinen Nächsten das Besserwerden zu fördern.

Unrichtig handeln aber jene, die in mißverstandener Frömmigkeit bei allen Anliegen gleich um Gottes Hilfe beten, ohne sich zu fragen, ob sie nicht aus eigener Kraft oder durch bloße Selbsterziehung Abhilfe schaffen könnten. Daher betont auch *Bô Yin Râ,* wie sinnwidrig und verkehrt es ist, dort um hohe geistige Hilfe zu bitten, wo immer ,,des Erdenmenschen eigene Kräfte ausreichen und von ihm gebraucht werden wollen, um sich in Tat und Wirken entfalten zu lernen".[5]) Dementsprechend hat man sich in früheren glaubensstarken Zeiten nach der Regel:

,,ora et labora!"

,,bete *und* arbeite!", gehalten. Man wußte, daß alles, was man selbst aus eigener Kraft zu tun vermochte, auch selbst zu erarbeiten hatte; während man das Gebet nur auf jene Bereiche bezog, die der eigenen Einflußmöglichkeit entzogen waren. Es galt als Sünde und Mißbrauch, etwas von Gott zu erbitten, was man, wenn auch noch so schwer, selbst zu regeln vermochte: etwa um Essen für den hungernden Nachbarn zu beten, anstatt selbst mit ihm das tägliche Brot zu teilen.

Auch die Aufforderung ,,Macht euch die Erde untertan!" ruft dazu auf, sich selbstverantwortlich und mitschöpferisch der Kräfte und Fähigkeiten zu bedienen, die vom Schöpfer in jedem Erdenbürger angelegt worden sind. Aber in glaubensschwachen Zeiten übersehen manche Gläubige gerne das, was sie selbst zu tun haben und berufen sich lieber auf die göttliche Allmacht und die göttliche Gnade, der sie alles übergeben hätten. Schon 460 v. Chr. geißelte *Demokrit* die falsche religiöse Einstellung vieler seiner Zeitgenossen:

Gesundheit erflehen die Menschen von den Göttern; daß es aber in ihrer Hand liegt, diese zu bewahren, daran denken sie nicht.

Es ist wohl so: Wer Gott um Hilfe bittet, ohne gleichzeitig seinen Lastern zu entsagen und ohne seine eigenen Kräfte einzusetzen, der braucht auf Hilfe des Himmels nicht zu hoffen.

Die Ernte ist groß der Arbeiter aber sind wenige

Lukas 10,2

Kombination von bewußter Selbstbeeinflussung und Religion

Der Arbeit an sich, an der Selbstentwicklung und Selbstverbesserung, die keinem religiös Strebenden erspart werden kann, steht der heutige Mensch vielfach hilflos gegenüber. Oft erhält er im Rahmen seines Glaubensbekenntnisses dafür leider wenig praktischen Rat und Lehre. Aber ohne Kenntnis, wie man sein Gedanken-, Empfindungs- und Triebleben aus eigener Kraft ordnen könnte, bleibt man meist ein Sklave von schwankenden tyrannischen Gedanken und Leidenschaften. So verstellt man sich oft selbst den Zugang zu den helfenden spirituellen Kraftquellen. Und wenn man sagt:

Gott hilft nur denen, die sich auch selbst helfen!,

dann drängt sich geradezu die Frage nach Selbsthilfemethoden auf. Viele Suchende, besonders Jugendliche, vermissen schmerzvoll bei ihrem Streben nach dem Höheren solche Hilfen. Sie sagen sich: Bloße Zugehörigkeit zu einer Konfession und bloßes Anhören frommer Predigten machen keinen Menschen besser, solange er daraus keine realen Konsequenzen zu ziehen vermag. Viele resignieren daher oder suchen in falscher Richtung, und zunehmend mehr Jugendliche verirren sich leider sogar in die finsteren Abgründe der selbstzerstörerischen höllischen Drogenszene.

Andere wieder suchen überall nach „Systemen“ für Selbstfindung, für Meditation, für Selbstverwirklichung. Dementsprechend erlebt die Nachfrage nach östlichen transzendentalen Meditationsmethoden, nach östlichen religiösen Schriften, nach „Yoga für Christen“, „Zen für Christen“, tibetischer Mystik, nach Besuch irgendwelcher sogenannter Gurus in indischen Ashrams, leider auch nach fragwürdigen Sekten, die sich wie virulente Mikroben vermehren, einen bislang noch nie gekannten Höhepunkt.

Aber man kommt um die Tatsache nicht herum:

Eine unabdingbare Voraussetzung und ein integraler Bestandteil jedes echten religiösen Weges stellt das Ordnungsschaffen im

Innenleben, auch im unbewußten Gedanken- und Vorstellungsleben des Gläubigen dar.

Die als 1., 2. und 3. Aufgabe dargestellten Übungen der bewußten Autosuggestion sind dafür wirkungsvolle Hilfen. Daher machen auch heute manche Vertreter verschiedener Konfessionen ihre Gläubigen auf die bewußte Autosuggestion aufmerksam. Sie wissen: die autosuggestive Selbsterziehung unterstützt religiöse Bestrebungen, und umgekehrt verstärken religiöse Bemühungen alle wertvollen Selbstbeeinflussungen. Daher stellt die Kombination von Autosuggestion und Religiosität nach jeder Seite hin eine Multiplikation der Kräfte dar. Dies kann der Religiöse schon bei der ihm zu empfehlenden Ergänzung der Zentralformel empfinden:

Mit Gottes Hilfe – geht es mir mit jedem Tag – in jeder Hinsicht – immer besser und besser!
oder
Es geht mir mit jedem Tag – in jeder Hinsicht – immer besser und besser – mit Dir o Herr!
oder
Der wahre Mensch in mir wächst ständig, macht Gottes Kraft für mich lebendig!

Der amerikanische Pastor *N. V. Peale*[10]) empfiehlt die oftmalige Wiederholung, ja die unablässige praktische Anwendung bestimmter, für die jeweilige Situation gerade passender Bibelstellen:

Ich vermag alles durch den, der mich stark macht, Christus.
(Philipper 4, 13)

Mit Dir o HERR – Ich kann, ich kann, ich kann . . .

Ist Gott für uns (mich), wer mag wider uns (mich) sein? (Römer 8, 31)

Der Herr ist mein Licht und mein Heil... ich bleibe getrost. (Psalm 27, 1–3)

Alles ist möglich, dem der glaubt. (Markus 9, 23)

Peale läßt wie *Coué* den jeweiligen Satz fest einprägen und jeden Tag, „immer und immer wieder" sich vorsprechen. Danach soll man noch mehrmals sagen:

„Ich glaube es – ich glaube es – ich glaube es..."

Die autosuggestive Anwendung eines wiederholt vorzusagenden Bibelsatzes steigert dessen Wirkung bei jedem Menschen. Der Inhalt des frommen Satzes wird dem Unterbewußtsein, und damit auch der Seele, geradezu eingehämmert. Er breitet sich dadurch im Inneren aus, faßt darin Fuß und beeinflußt den ganzen Menschen. Nach *Peale* hat sich eine solche Kombination von praktisch angewandter Religion und Autosuggestion bei einer großen Zahl von Gottesgläubigen auch im Alltagsleben überaus bewährt.

Hamblin wieder stellt die großen Zusammenhänge aus seiner Sicht so dar[28]): Wir haben unseren Ursprung in Gott. Gott ist das Leben des ewigen Geistes, der sich auch im Menschen manifestiert. Der Mensch ist ein Geistwesen. Infolge seines falschen Denkens und seiner Glaubensschwäche ist der Mensch klein und erfolglos. Sein Vertrauensmangel hat den Zugang zu den eigenen und zu den göttlichen Kraftquellen verschüttet. Um stark und erfolgreich zu werden, muß er seine negativen Denkgewohnheiten ändern. Er darf sich nicht mehr als einsames, vom All-Leben getrenntes, abgeschnürtes Einzeldasein empfinden, sondern als lebendiger Teil des Ganzen, in dem das Geistige lebt und wirkt, wie in allem was lebt. Alle Leiden, Krankheiten und Schwierigkeiten weisen uns zum Gott in uns, damit wir in ihm die allüberwindende Kraft finden, die alle Wunden unserer Herzen heilt und uns über jede Notgebundenheit zur fessellosen Freiheit des Geistes erhebt.

Auch *Hamblin* empfiehlt die kombinierte Anwendung religiöser Aussagen mit autosuggestiven Wiederholungen:
Morgens und abends, auch tagsüber ist wiederholt vorzusagen: „Gott ist meine Kraft! – Gott in mir heilt mich! – Gott in mir ist mein Helfer! – Gott in mir macht mich frei! – Mit Gottes Hilfe werde ich es meistern! – Ich stehe unter dem Schutz des Ewigen!"

Selbstbeeinflussung und Gebet

Die Beziehung zwischen bewußter Selbstbeeinflussung und Religion zeigt sich besonders deutlich im Vergleich zwischen der Kunst der Imagination und des wirklichen Gebetes. Hier wird unter Beten aber nicht bloßes Vorsagen eines frommen Gebetspruches oder bloßes Bitten bis Flehen um himmlische Hilfe verstanden, sondern die *Kunst* des echten Gebetes. Diese besteht aus dem Gestalten jener sakralen Gebetshandlung, um deren Kenntnis schon vor 2000 Jahren die Jünger ihren hohen Meister angefleht hatten mit den historischen Worten: „Herr, lehre uns beten!"

Im Vergleich von Imagination und Gebet befassen wir uns zunächst mit:

Alles ist möglich,
dem der glaubt

Markus 9, 21

I. Kunst der Imagination

Sie besteht aus:

1. *Herstellen lebenserfüllter Ruhe:*
   Dazu zieht man sich an einen stillen Platz zurück, nimmt eine individuelle Meditationshaltung ein (liegen, sitzen, knien usw.), in der man die beste Entspannung *und* Konzentration erzielen kann, und läßt sich so lange zur Ruhe kommen, bis man vom Zustand wohltuender, *wacher, lebenserfüllter Ruhe* ganz durchdrungen und durchflutet ist.
2. *Gestalten eines Zielbildes:*
   Man schafft sich ein präzises Vorstellungsbild vom Erwünschten, führt es als „Vorbild" vor sein inneres Auge und malt es im Detail aus („mentales Bauen"). Je klarer die Zielvorstellung, desto größer der Erfolg!
3. *Empfinden seines Zielbildes:*
   Nun meditiert man empfindend das Geschaute, erlebt es sehnsuchtsvoll aus heißem Herzen. Während man beim mentalen Bauen „nur" gestaltet hat, entfacht man jetzt zusätzlich in seiner Brust die seelische Empfindung, die Emotion, das Feuer der Sehnsucht nach der Erfüllung. Damit wird das Wunschbild in das Innerste eingraviert, der Samen der Verwirklichung eingepflanzt und die Motorik der Imagination in Gang gesetzt.
4. *Glauben:*
   Nun bedarf es noch des Glaubens an das Gelingen. Die Imagination wirkt durch das Glauben. Vorausgesetzt daß man alle vernünftigen äußeren Bemühungen für das Gelingen erfüllt, soll man jetzt völlig überzeugt sein, ja sogar schon „*wissen*", daß das Erglaubte ganz sicher Wirklichkeit wird:
   Es kann gar nicht mehr anders kommen: Der eingepflanzte „geistige Samen" der Imagination wird im Rahmen der irdischen Möglichkeiten ab nun wachsen und gedeihen. *Seine Entwicklung ist in das Potential der Zukunft eingeprägt!*
5. *Danken:*
   Man empfinde und sage in seinem Innersten Dank im voraus für die in Gang gesetzte und für die kommende gute Entwicklung.

II. Kunst des Gebetes

Sie besteht aus:

1. Herstellen lebenserfüllter Ruhe (wie Punkt 1 der Imagination)

2. Gestalten eines Zielbildes (wie Punkt 2 der Imagination)

3a. Empfinden des Zielbildes (wie Punkt 3 der Imagination)
Das wahre Gebet kommt aus des Herzens Inbrunst!

3b. Übergeben dem Willen des Urseins
Hier liegt der entscheidende Unterschied zur Imagination! Nun muß der Betende die Übereinstimmung seines Willens mit dem Allwillen herstellen. Er muß sich in seiner Versenkung „mitsamt seinem Werke ganz und gar dem ewigen Willen seines Urseins übergeben, überlassen und anvertrauen."[54]) Dein Wille geschehe! Der Betende hat also alle Entscheidung (und damit auch Verantwortung) jenen spirituellen Mächten zu überlassen, „die aus ewigem Urwillen Auftrag haben, die Geschicke unter ihrem geistigen Einfluß zu halten, daß die Kette des Geschehens jeweils gerade die Glieder aneinanderreiht, die nötig sind, um ohne Beirrung irdisch-physischer Gesetze Wirkungen herbeizuführen..."[54])

4. Glauben: (wie Punkt 4 bei Imagination)
Ergänzungen: Nach *Bô Yin Râ* ist der einzige, aber auch wahrlich unüberwindliche Widerstand, dem solche „Bitte" im Menschen selbst begegnen kann, der Zweifel. Der Betende darf keinen Augenblick daran zweifeln, daß ihm von den helfenden Mächten *alles* gewährt wird, was ihm nach der Lage der Umstände überhaupt gewährt werden kann. Dementsprechend heißt es bei *Markus* (11,22–24):
„Habt Glauben an Gott! Wahrlich ich sage euch: Wer zu diesem Berge spräche: Hebe dich und wirf dich ins Meer! und zweifelte nicht in seinem Herzen, sondern glaubte, daß es geschehen würde, was er sagt, so wird es ihm geschehen. Darum sage ich euch: Alles was ihr bittet in eurem Gebet, glaubet nur daß ihr es empfangen werdet, so wird es euch zuteil werden."

Bei *Matthäus* (7,7–11) heißt es:
„Bittet immer wieder, es wird euch gegeben werden. Suchet ohne zu ermüden, ihr werdet finden, klopfet stets aufs neue an, und es wird euch aufgetan."
Bei *Jakobus* (5,15–16) heißt es:
„Das Gebet des Glaubens wird dem Kranken helfen." „Des Gerechten Gebet vermag viel, wenn es ernstlich ist."

5. *Danken:* (wie Punkt 5 bei Imagination)
Ergänzung: Mit dem tief empfundenen Wort *„Amen"* kann der Betende dem Ewigen gegenüber seine Dankbarkeit, seine Ergebenheit (Dein Wille geschehe!) und die Überzeugung bekräftigen, daß dieses Gebet wahrlich erhört und angenommen wurde:
„Amen, das ist: Es werde wahr!
Stärk unsern Glauben immerdar!
Auf daß wir ja nicht zweifeln dran
was wir hiermit gebeten han..."

Dieser Vergleich zwischen der Kunst der Imagination und des Gebetes demonstriert die innigen Beziehungen von Autosuggestion und Religion.

Die mächtige Hilfe, die allein schon durch die autosuggestive Anwendung eines ganz einfachen, ja geradezu kindlich-frommen Satzes zustande kommen kann, berichtet der folgende Fall:

Fall 30:
Kaufmann, 58, erzählt: „Ich war früher nie religiös, aber das hat sich im Krieg völlig verändert. Meine Kompanie wurde von der russischen Übermacht überrannt, fast alle fielen oder gerieten in Gefangenschaft. Ich versteckte mich mit zwei Kameraden 4 Tage lang am Boden einer zerschossenen Scheune. Wie durch ein Wunder wurden wir übersehen. Die Lage war hoffnungslos. Mit jeder Stunde waren wir weiter hinter der feindlichen Linie. Immer wieder zogen ausschwärmende Trupps an unserem Versteck

vorbei. Hätten sie uns entdeckt, sie hätten uns als „Spione“ erschossen. Wir waren halb verhungert und erfroren, moralisch am Ende. Da flüsterte unser Wiener Feldwebel: *„Schickt der Hergott s'Haserl, dann schickt er auch ein Graserl!“* In solchen Situationen ist man hellhörig. Erst verstand ich nicht und wiederholte während des stundenlangen Wartens viele hundert Male diesen Satz. Dann wurde mir plötzlich klar, daß wir durch ein Wunder am Leben geblieben waren und daher auch „das Graserl“, die Rettung finden würden. Dies richtete mich derart auf, daß wir uns bei Finsternis erstmals aus dem Versteck wagten, Nacht für Nacht nach Westen marschierten und schließlich auf abenteuerlichste Weise geborgen wurden. Es ist meine felsenfeste Überzeugung, daß der ständig in uns wiederholte Spruch, und der durch ihn geweckte Glaube an Gotteshilfe, unser Leben gerettet hat.

Der *Coué*-Schüler Prof. *Ch. Baudouin* berichtet[32]):

Ein Spezialist behandelte eine Kranke mit Kehlkopfkrebs. Er gab ihr noch drei Monate Lebenszeit, ohne es sie merken zu lassen. Aber die Geschwulst wurde zunehmend kleiner. Die Patientin sagte dem staunenden Arzt, daß sie sich einer religiösen Heilmethode mit autosuggestivem Charakter unterziehe. Nach einigen Monaten trat plötzlich Verschlimmerung ein. Die Kranke erzählte, daß sie die Pension gewechselt hätte und dort von den Leuten wegen ihrer Heilmethode verspottet werde, so daß sie ihre Über-

Mit Gottes Hilfe – geht es gut . . .

zeugung verloren hätte. Der Arzt verordnete ihr, sogleich die Pension zu wechseln und wieder mit vollem Vertrauen zu arbeiten. Sofort trat Besserung ein. Die Kranke lebte noch durch viele Jahre.

Die Wirkung der Kombination von Autosuggestion und Religion zeigt auch der folgende Fall:

Fall 31:
Witwe, 40, suchte den Verfasser wegen Leibkoliken und extremer Schlaflosigkeit auf. Als Ursache ergab sich schließlich, daß die Patientin einer Betrügerin hereingefallen war. Letztere hatte der Patientin ein Darlehen gegeben und dafür Unterschriften unter verschiedene, von ihr nicht gelesene Formulare bekommen. Trotz Rückzahlung der Schuld wurde die Witwe nun zur weiteren Zahlung einer sehr hohen Summe erpreßt, die sie niemals hätte auftreiben können. Die Sache war so teuflisch ausgeheckt, daß sogar der zu Rat gezogene Rechtsanwalt keine Hoffnung auf Prozeßerfolg sah. Da erklärte ihr der Verfasser, sie müsse
1. die tägliche Zielmeditation auf Prozeßerfolg durchführen und
2., da sie völlig mutlos war, jedoch einen Christusglauben besaß, die folgenden Sätze oftmals am Tage autosuggestiv verwenden:

Ich vermag alles durch den, der mich stark macht, Christus!
Ich weiß, daß ich es schaffen werde!
Mit Gottes Hilfe – geht es gut!

Außerdem sollte sie ihre Übungen beschließen mit:
Ich glaube es! Ich glaube es! Ich glaube es!

Darauf verlor sie binnen 24 Stunden ihre Koliken, schlief erstmals wieder völlig durch und gewann echte Zuversicht. Nach einem halben Jahr rief sie den Verfasser vom Ausland an: „Sie sind der erste, dem ich es sagen muß: Der Prozeß – mit Gottes Hilfe ging es gut! – Mein Glaube, die Autosuggestionen haben mich gerettet! Ohne das hätte ich niemals durchgestanden! Sie wissen gar nicht wie glücklich und dankbar ich bin!" –

22. Kapitel

Der Weg der bewußten Selbstbeeinflussung

Wer einmal erkannt hat, daß er durch seine Gedanken sein Leben mit mehr Sonne, Erfolg und Gesundheit oder mit mehr Finsternis, Mißerfolg und Krankheit erfüllt, immer gemäß der Artung seines Denkens; und wer bereit ist, daraus Konsequenzen zu ziehen, der beschreitet einen neuen Lebensweg: den Weg der bewußten Selbstbeeinflussung. Dieser führt natürlich nicht an einem Tag ans Ziel, und nicht in einer Woche oder in einem Jahr. Es ist eine fortschreitende Wanderung durch das ganze weitere Leben, die alltäglich fortgesetzt werden soll. Jeder neue Tag bringt neue Möglichkeiten, stellt neue Aufgaben, die neben aller gebotenen Nüchternheit und Kenntnis meist viel besser bewältigt werden können. Zu Beginn dieses Weges ist es aber nicht entscheidend, ob sich rasch äußere Erfolge einstellen oder noch nicht. Entscheidend ist vielmehr der innere Erfolg, die Entwicklung der Fähigkeit, das Heer der eigenen unbewußten quer- oder brachliegenden Innenkräfte aufzurufen, als Helfer und Diener einzusetzen und erfolgreich „vor seinen Karren" zu spannen. Dies zieht dann ganz automatisch das äußere Gelingen nach sich.

In den ersten Wegstationen geht es vor allem um das konsequente Austauschen seiner anfangs immer wieder auftauchenden negativen

Über deinem Lebensweg strahlt ein Licht

Hiob 22, 21

Gedanken und Bilder; es geht um das Umpolen aller Zweifel und um das systematische Erhellen seiner ganzen Einstellung durch wachsende Zuversicht. Dies gilt besonders bei Auftreten von schwierigen Lebenssituationen. Man vergesse nie:

Unbeirrbares gläubiges hoffnungsvolles Denken holt aus jeder Lebenssituation immer noch irgendwelche zusätzliche Hilfskräfte und -möglichkeiten hervor. Man darf nur nicht aufgeben! Daher lasse man niemals, auch nicht für einen einzigen schwachen Augenblick, alle seine Hoffnung fahren; zweifle nie an seinen verborgenen inneren Kräften, und strebe stets zuversichtlich nach einer optimalen Lösung, natürlich ohne Utopien und jeweils im Rahmen der gegebenen Möglichkeiten. Im Falle einer inneren Schwäche rufe man sich sogleich zur Ordnung und erinnere sich an die hilfreiche Notwendigkeit des unerschütterlichen Glaubens an positive Entwicklung. Man lese dieses Buch und das ergänzende „Anleitungsheft" zum wiederholten Mal, übe unverdrossen, spreche systematisch die Formel, rede sich gut zu, im Notfall sogar „pausenlos", bis schließlich die dunklen Wolken vorüberziehen und Licht die Finsternis vertrieben hat:

Glaube nicht
die Last auf deinen Schultern wird dir zu schwer
glaube nicht
du wärst zu schwach, die Lasten anderer noch mitzutragen
Du wirst dich wundern
ob deiner Kraft
du wirst dich wundern
wie stark du bist trotz deiner Schwäche. [55])

Diese „Stärke trotz deiner Schwäche" trägt ein jeder, auch der „schwächste Mensch" in sich. Jeder kann sie aus sich hervorholen und mit ihrer Hilfe, mit Geduld, Zähigkeit und Vertrauen schließlich auch die schwersten Hürden meistern, die ihm das Schicksal in den Weg stellt. Und jedes gut zurückgelegte Wegstück belohnt dann den unverdrossenen Wanderer durch innere Bereicherung, Vermehrung seiner Kraft und durch Erfüllung seines Lebens in Tat und Wirken.

Gelangt man aber mühelos und zügig voran und geht es problemlos „mit jedem Tag in jeder Hinsicht immer besser und besser", dann sollte man nicht übermütig und auch nicht nachlässig werden. Der Glaube an das Aufrichtende, Gute ist unablässig weiterzupflegen und die Wachsamkeit darf man nie mehr fallen lassen, denn das Negative lauert an allen Orten und versucht bei vielen Gelegenheiten sich wieder aufzudrängen, und schon in Kürze würden sich unkontrollierte ungehemmte Autosuggestionen wieder einschleichen und der alte Schlendrian „fröhliche Urständ" feiern.

Der Weg der bewußten Selbstbeeinflussung ist ein Psychotraining, das Tag für Tag, beständig und ohne Unterbrechung geübt sein will, um den Wanderer zu immer erfreulicheren Wegstationen des Lebens zu führen. Er weiß dann aus eigenem Erleben:

- Gedanken treten ein in unser Haus wie liebe Gäste. Einige bringen gute Gaben, andere Sorgen, Hemmung und zerstörende Impulse. Drum prüfe stets, wen Du bei Dir ein- und ausgehen läßt!
- Der übelste Gedanke ist oft der Zweifel. Er lähmt Tatkraft und Fortschritt, lähmt dein Selbstvertrauen. Darum wiederhole immer wieder: Ich kann – ich kann – ich kann...
- Zureden hilft. Auch wiederholtes Zureden zu sich selbst: Nur guter Mut, alles wird gut – alles wird gut – alles wird gut...
- Ein Tag ohne aufbauendes Wort, ohne Zuversicht und ohne Liebe ist verloren und vertan. Gute Worte kannst Du immer sprechen, Zuversicht immer aufbauen und Liebe immer schenken – und *alles kommt zu Dir zurück!*
- Je bewußter wir uns das Gute in der Gegenwart machen, desto mehr ersparen wir uns das Schlechte für die Zukunft.
- Die beste Art das Böse zu bekämpfen ist energisches Fortschreiten im Guten.
- Vor allen Aufgaben sage: Ich mache es gern, es ist leicht, ich schaffe es gut!

- Der Kranke, der in seinem Denken und Sprechen stets das Bild seiner Gesundheit in sich trägt, entfesselt alle seine Hilfs- und Reservekräfte und potenziert seine Heilvorgänge.
- Die Hilfe durch positive Selbstbeeinflussung wird erst voll wirksam, wenn sie mit den entsprechenden Maßnahmen im Außenleben kombiniert wird.
- Den Glauben an Dich und an gutes Gelingen Deiner Vorhaben sollst du ständig stärken. Selbstvertrauen und Zuversicht lassen sich üben: Ich vermag es – ich vollende es – ich bin stärker – ich weiß, ich kann und glaub daran...

Die konsequente Durchführung dieser Aufgaben fördert die innere Reifung. Früher oder später gewinnt der Wanderer dieses Weges das Bedürfnis, sich mit Lebensfragen und religiösen Fragen zu befassen, über das Vergängliche und Unvergängliche nachzusinnen und sich mit Gott und der Welt auseinanderzusetzen. Dabei bemerkt er:

Wer sich ernsthaft nach Gott befragt, befindet sich auf dem Weg zu ihm.

Die beständige positive Selbstbeeinflussung führt schließlich zu einer Persönlichkeitsentwicklung, die durch die aufbauende bejahende Einstimmung und Prägung aller Seinsschichten des Menschen getragen wird. Dies bezieht sich somit auf das *Bewußte,* das *Unbewußte* oder *Unterbewußte* und auf das *Überbewußte.* Letzteres, auch als *spirituelles Ich* oder *Über-Ich,* bezeichnet, ist der in jedem Menschen wirkende spirituelle Quellgrund seiner Existenz. Aus diesem kann jeder ehrlich um seine innere Entwicklung Ringende sein Bestes empfangen: hohe schöpferische Impulse, Intuitionen, Inspirationen, geniale Erkenntnisse, Erhellungen und Erleuchtungen. Und aus diesem wird auch jedes spirituelle Wirken gespeist, das dynamische Glauben (S. 52), das geistige Bauen (S. 126), das Gebet und die hohe Imagination.

Da die konsequente Selbsterziehung zum Guten die Entfaltung des Überbewußten fördert, das sich allerdings jeweils nur in sehr unterschiedlicher, höchst individueller Auswirkungsform zu erkennen gibt, treffen an dieser Stelle zwei verschiedene Lebenswege zusammen und vereinen sich zu einem: Der religiöse und der selbsterzieherische Weg. Und der zum Erfahren seines Überbewußten gelangende Wanderer kann sich hier sagen:

Der wahre Mensch (oder: *Das Über-Ich) in mir wächst ständig;*
Macht Gottes Licht für mich lebendig.

Wer aber schon so weit gewandert ist, der braucht von außen keinen Rat mehr, da er ihn von innen empfängt.

* * *

Von den früheren Wegstationen sind noch zwei aufzuzeigen. Die eine, die einen völlig neuen Ausblick bietet. Hier macht sich erstmalig das Überbewußte grundlegend bemerkbar. Dem Wanderer fällt es wie Schuppen von den Augen. Er erkennt durch eine wegweisende Intuition das, was *Johannes Möslinger* so ausgedrückt hat:

Ich bin ja zu ganz anderem fähig als zu dem Leben, das ich bisher geführt habe. Es ist ja etwas ganz anderes in mir drinnen, als was ich bisher geglaubt habe.

Und die andere Wegstation verschafft dem Wanderer einen noch weiteren Überblick. Er sieht auf einmal, daß ihm auf seinem Wege von Seiten seines aktivierten Überbewußten insgeheim geholfen wird, seine positiven Eigenschaften zu entfalten und den Einfluß seiner charakterlichen Mängel und Schwächen zurückzudrängen oder ganz zu beseitigen. Er sieht sich auf einem Hochplateau angelangt, in einem lang ersehnten Entwicklungsprozeß oder Wandlungsvorgang begriffen, in dem das Schlechtere stets dem Besseren zu weichen hat und er seine Erneuerung durch ein „Stirb und Werde" erkennt:

Lange habe ich mich gesträubt –
Endlich gab ich nach!
Wenn das alte Ich zerstäubt
Wird das neue wach.

Und *Goethe* ergänzt:

Und so lang du das nicht hast
Dieses: Stirb und werde!
Bist du nur ein trüber Gast
Auf der dunklen Erde.

Der Weg der Selbstbeeinflussung bedarf auch noch stets des *Humors.* Dieser läßt uns jeden tierischen Ernst, jede Ungeduld, jede Verkrampfung und Anspannung milde und heilsam belächeln. Und dieser Weg bedarf als Höchstes noch der *Liebe.* Ihre geistigen Strahlen schenken wie die Strahlen der irdischen Sonne allem Leben die große Güte, die herzhafte Wärme, das Helle und das Heile. Es ist allein die Liebe, die uns die hohe Kraft des Heilens für unseren Nächsten und für uns selbst spendet. Aus diesem Grunde steht auch alle richtige bewußte Anwendung der Suggestion und Autosuggestion unter dem Lichte der höheren Liebe, wie es ein großer Wissender, *Paracelsus,* erkannt hat:

Die höchste der Arzneien ist die Liebe!

*　　*
*

Literatur

1 *Coué, E.:* Die Selbstbemeisterung durch bewußte Autosuggestion.
–: Was ich sage. Basel–Stuttgart. Schwabe Verlag.
2 *Krakowitzer, E.:* Praktische Anwendung der Psychologie im Sinne Coués. 1979. Klagenfurt. Coué-Club.
3 *Rauch, E.:* Die Darmreinigung nach F. X. Mayr, Heidelberg. Karl F. Haug Verlag.
–: Blut- und Säftereinigung. Milde Ableitungskur. Heidelberg. Karl F. Haug Verlag.
–: Heilung der Erkältungs- u. Infektionskrankheiten. Heidelberg. Karl F. Haug Verlag.
Rauch, E. und *Mayr, P.:* Milde Ableitungsdiät. Heidelberg. Karl F. Haug Verlag
4 *Schultz, J. H.:* Übungsheft für das autogene Training. Stuttgart. G. Thieme Verlag.
5 *Bô Yin Râ:* Mehr Licht. Bern. Kober-Verlag.
6 –: Das Buch vom Glück. Bern. Kober-Verlag.
7 *Heiber, W.:* aus „Was ist Coué?" Klagenfurt. Coué Club.
8 *Schmidt, K. O.:* Mehr Macht über Leib und Leben. München. Drei-Eichen-Verlag.
9 *Bô Yin Râ.:* Das Buch der königlichen Kunst. Bern. Kober-Verlag.
10 *Peale, N. V.:* Die Kraft des positiven Denkens. Thalwil. Oesch.
11 *Paracelsus:* Sämtliche Werke. Huser Ausgabe, *B. Aschner*. Jena. Fischer-Verlag.
12 *Bô Yin Râ:* Der Weg meiner Schüler. Bern. Kober-Verlag.
13 –: Der Weg zu Gott. Bern. Kober-Verlag.
14 –: Das Buch vom lebendigen Gott. Bern. Kober-Verlag.
15 *Bhagavad Gita:* Des Erhabenen Gesang. Jena. E. Diederichs.
16 *Bô Yin Râ:* Das Buch des Trostes. Bern. Kober-Verlag.
17 *Roth, E.:* Von Mensch zu Mensch. Klagenfurt. Buch und Welt.
18 *Lindenberg, W.:* Mit Freude leben. München. E. Reinhardt.

19 *Lambert, F.:* Autosuggestive Krankheitsbekämpfung. Basel–Stuttgart. Schwabe-Verlag.
20 *Liek, E.:* Das Wunder der Heilkunde. München. Lehmanns Verlag.
21 *Lebzeltern, G.:* Coué und die Wissenschaft.
–: Coué wiederentdeckt. Graz. Leuschner.
22 *Alexander, F.:* Psychosomatic Medicine. London. Norton.
23 *Mulford, P.:* Unfug des Lebens und Sterbens. Stuttgart. Deutsche Verlagsgesellschaft.
24 *Lucci, G.:* Praxis der bewußten Autosuggestion. Zürich. Coué-Verein.
25 *Bô Yin Râ:* Auferstehung. Bern. Kober-Verlag.
26 –: Der Sinn des Daseins. Bern. Kober-Verlag.
27 *Autosuggestion* – Zeitschrift für positive Lebensgestaltung. CH-3000 Bern 8. Postfach 55.
28 *Hamblin, H. Th.:* In Dir ist die Kraft! Pfullingen. Baum.
29 *Zingg, E.:* Kurzeinführungen in die Coué-Lehre. Bern. Coué-Vereinigung.
30 *Möslinger, J.:* Einander begleiten. Klagenfurt. Coué-Club.
31 *Lusseyran, J.:* Blindheit – ein neues Sehen in der Welt.
–: Das wiedergefundene Licht. Stuttgart. E. Klett Verlag.
32 *Baudouin, Ch.:* Suggestion und Autosuggestion. Basel–Stuttgart. Schwabe-Verlag.
33 *Silesius, A.:* Der cherubinische Wandersmann. Stuttgart. Reclam.
34 *Schweizerische Coué-Vereinigung.* Postfach 19, CH-3653 Oberhofen
35 *Brauchle, A.,* Prof.: Hypnose und Autosuggestion. Stuttgart. Reclam.
36 *Bô Yin Râ:* Funken – Mantra-Praxis. Bern. Kober-Verlag.
37 *Govinda, A.:* Grundlagen tibetischer Mystik. Weilheim. O. W. Barth.
38 *Bodmershof, W.:* Geistige Versenkung. Bern. Kober-Verlag.
39 *Mengen, H.:* ABC des autogenen Trainings. München. Goldmann.
40 *Thomas, K.:* Praxis der Selbsthypnose des autogenen Trainings. Stuttgart. G. Thieme Verlag.

41 *Schmidhauser, H.:* Lebe besser mit Autosuggestion. Basel–Stuttgart. Schwabe-Verlag.
42 *Lao-Tse:* Tao te king. Herausgegeben v.. *Wilhelm R.,* Jena. Diederichs.
43 *Bô Yin Râ:* Wegweiser. Bern. Kober-Verlag.
44 *Medical-Tribune:* Kontrollierte Studie. Wiesbaden. Nr. 6, vom 6. 2. 81.
45 *Simonton, C.:* Veröffentlichungen der „Oncological Clinic", Fort Worth, USA.
46 *Bunte:* Worte, die den Krebs besiegen können. Offenburg. 47/1975, 48/1975.
47 –: Wer an sich glaubt, wird eher gesund. Offenburg 50/1975.
48 *Frankl, V. E.:* Psychologisierung oder Humanisierung der Medizin? Öst. Ärztezeitung 36/10/1981. Wien.
49 *Jores, A.:* Die Medizin in der Krise unserer Zeit. Bern–Stuttgart. Huber.
50 *Voegele, H.:* Gedanken zum Leben. D 7544 Dobel.
51 *Paracelsus:* aus Nova acta Paracelsica. Imagination. VI. Jahrbuch 1952. Einsiedeln.
52 *Rauch, E.:* Anleitung zur Autosuggestion. Karl F. Haug Verlag. Heidelberg 1989.
53 *Strauss, A.:* Entspannung und Konzentration. Leipzig 1932. Hummel.
54 *Bô Yin Râ:* Das Gebet. Bern. Kober-Verlag.
55 *Bickel, M.:* Pflücke den Tag. Herder. Freiburg.

Anschrift des Verfassers: Medizinalrat Dr. Erich Rauch, Gesundheitszentrum am Wörthersee, A-9082 Maria Wörth-Dellach/Österreich.

NOTIZEN

NOTIZEN

NOTIZEN

NOTIZEN

NOTIZEN

Nur guter Mut
alles wird gut

Aus: Rauch, Autosuggestion und Heilung

Es geht mir mit jedem Tag
in jeder Hinsicht
immer besser und besser

Aus: Rauch, Autosuggestion und Heilung

Ich kann – ich kann – ich kann …

Aus: Rauch, Autosuggestion und Heilung

Alles wird besser und besser
alles wird gut

Aus: Rauch, Autosuggestion und Heilung

Was mich bedrückt will
geht vorüber – vorbei – weg–weg–weg . . .

Aus: Rauch, Autosuggestion und Heilung

Oskar egal – egal – egal . . .

Aus: Rauch, Autosuggestion und Heilung

Mein Körper ist stark genug
um mich ganz
gesund zu machen

Aus: Rauch, Autosuggestion und Heilung

Ich weiß
daß ich es schaffen werde

Aus: Rauch, Autosuggestion und Heilung

Wenn ihr Glauben habt
wie ein Senfkorn . . .
nichts wird euch unmöglich sein

MATTHÄUS 9, 29

Aus: Rauch, Autosuggestion und Heilung

Alles ist möglich
dem der glaubt

MARKUS 9, 23

Aus: Rauch, Autosuggestion und Heilung